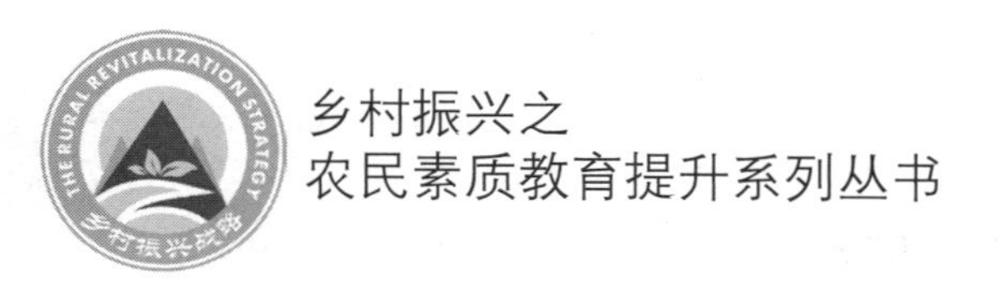

乡村振兴之
农民素质教育提升系列丛书

小杂粮
优质高产栽培技术

张文强　陈雅芝　沈爱芳　主编

中国农业科学技术出版社

图书在版编目（CIP）数据

小杂粮优质高产栽培技术／张文强，陈雅芝，沈爱芳主编．—北京：中国农业科学技术出版社，2020.7

（乡村振兴之农民素质教育提升系列丛书）

ISBN 978-7-5116-4838-9

Ⅰ.①小…　Ⅱ.①张…②陈…③沈…　Ⅲ.①杂粮-高产栽培-栽培技术　Ⅳ.①S51

中国版本图书馆 CIP 数据核字（2020）第 116852 号

责任编辑　张国锋
责任校对　李向荣

出 版 者　中国农业科学技术出版社
北京市中关村南大街 12 号　邮编：100081
电　　话　(010)82106631(编辑室)　(010)82109702(发行部)
(010)82109709(读者服务部)
传　　真　(010)82106631
网　　址　http://www.castp.cn
经 销 者　各地新华书店
印 刷 者　北京富泰印刷有限责任公司
开　　本　850 mm×1 168 mm　1/32
印　　张　4.5
字　　数　130 千字
版　　次　2020 年 7 月第 1 版　2020 年 7 月第 1 次印刷
定　　价　24.00 元

《小杂粮优质高产栽培技术》

编 委 会

主　编：张文强　陈雅芝　沈爱芳

副主编：刘玉云　吕丽英　房松林　于洪洲
　　　　朱　叶　高正杰

编　委：侯月峰　尚　蕾　于清军　刘梅丽
　　　　王　辉　郝成云　宋　霞　张瑞波
　　　　邹明森　徐丽红　刘　敏　吕祥涛
　　　　汤树龙　毕文平　边　缘

前　言

农业是国民经济的基础，农业生产提供了人类生存最基本、最必需的生活资料。农作物生产又是农业生产的基础，关系到人类生存最重要的物质生产。优质高效地发展农作物生产，提高农作物的产量和品质，持续地利用自然资源，是我国农业生产的长期目标。小杂粮作物的营养价值高、抗逆性强、适应性广，符合优质和高效的要求。

为满足广大农民需求，针对各地小杂粮生产的发展实际，结合近年来小杂粮生产研究的新技术、新经验，编写了《小杂粮优质高产栽培技术》。书中针对谷子、黍子、高粱、荞麦、燕麦、青稞、薏苡、绿豆、豇豆、豌豆、扁豆、蚕豆十二大杂粮作物，分别从特性、品种、栽培技术以及主要病虫害防治技术进行阐述，具有结构清晰、内容丰富、语言通俗等特点。

本书既可供广大基层技术人员在小杂粮技术推广工作中参考，也可供农业产业扶贫技术人员培训学习，还可供广大农民在实际生产中阅读参考。

由于时间仓促，加之编者水平和能力的限制，书中难免存在不足或缺点，诚望广大读者批评指正。

编　者

2020 年 4 月

目　　录

第一章　谷子优质高产栽培技术

第一节　谷子栽培技术

一、选用良种

（1）生产中所选品种必须是通过国家、省级审定的推广品种。种子质量符合我国现行的良种要求，纯度≥98%，净度≥98%，发芽率≥85%，水分<13%。

（2）所选品种熟期适宜，根据当地的热量条件、无霜期长短等确定。谷子按照生育期的长短划分为早熟类型生育期少于110天，中熟类型为111～125天，晚熟类型在125天以上。

（3）具有较高的丰产性。产量的高低是衡量一个品种好坏的重要标志之一，无论是谷子产量，还是谷草产量都要有很好的丰产性。

（4）具有很好的稳产性。一个产量稳定性较好的品种，一方面在不同的地点、不同的年际间产量波动不大；另一方面说明该品种的适应性广泛。

（5）较好的品质。谷子的品质包括营养品质和食味品质。营养品质：主要包括蛋白质、脂肪、淀粉、维生素和矿物质等；食味品质：主要指色泽、气味、食味、硬度等。谷子脱壳后成为小米，小米的直链淀粉含量、糊化温度和胶稠度三因素决定了谷子的食味品质。而直链淀粉含量与小米饭的柔软性、香味、色泽、光泽有关；糊化温度的高低与蒸煮米饭的时间及用水量成正比；胶稠度与适口性呈正相关。除此之外，谷子的品种、收获期的早晚以及光、温、水、气、土壤、肥料的变化都会影响食味品质，其中蛋白质、脂肪含量在干旱条件下比水分充足时高，脂肪含量和总淀粉含量随施肥量增加而减少。当前优质小杂粮具有较好的前景，要尽可能选用优质谷子品种。

（6）所选品种能抵抗或耐受当地的主要病害，对当地经常发生的自然灾害，如干旱、低温等具有较强的抗逆性。

二、处理种子

1. 晒　种

播前进行暴晒，增强胚的生活力，消灭病虫害，提高发芽率。

2. 药剂拌种

播前用35%瑞毒霉（甲霜灵）或40%拌种双可湿性粉剂拌种，防白发病、黑穗病。

3. 使用包衣种子

促进出苗，提高成苗率，防治苗期病虫害。

三、准备土壤

1. 谷子生长对土壤的要求

谷子耐瘠，抗旱，能比较经济地利用水分和养分，对土壤要求不严，虽然在其他作物不能很好生长的瘠薄旱坡地上，能正常生长有一定的产量，但高产的谷子仍需要土层深厚，土壤结构良好，富含有机质，质地疏松的中性到微酸性的沙壤土或黏壤土上种植，不宜在低洼地和盐碱地上种植。谷子喜干燥、怕涝。

2. 轮作（倒茬）

谷子最忌连作，农谚“谷上谷，气得哭”，就是指谷子不能

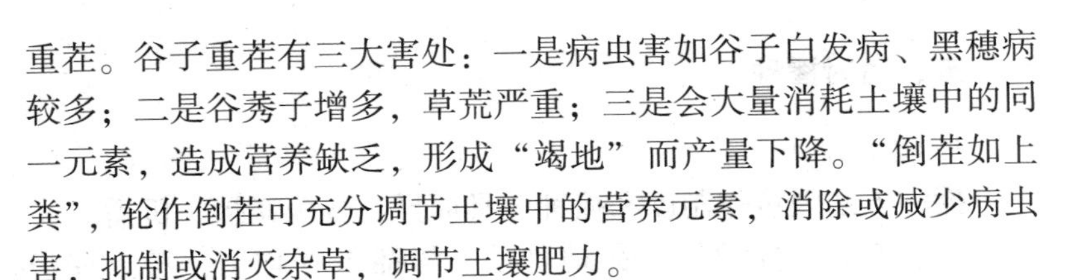

重茬。谷子重茬有三大害处：一是病虫害如谷子白发病、黑穗病较多；二是谷莠子增多，草荒严重；三是会大量消耗土壤中的同一元素，造成营养缺乏，形成“竭地”而产量下降。“倒茬如上粪”，轮作倒茬可充分调节土壤中的营养元素，消除或减少病虫害，抑制或消灭杂草，调节土壤肥力。

因此种谷子必须年年调换茬口，“豆茬谷，享大福”，所以豆类、薯类、玉米、小麦是谷子最好的茬口。

3. 土壤耕作整地

“秋天谷田划破皮，赛过春天犁出泥。”秋深耕是谷子保蓄雨雪水的重要措施。春谷多种植在旱地上，谷子播种出苗需要的水分主要来自上一年夏秋降雨的保蓄，山西省冬春降雨雪很少，十年九春旱，所以秋季深耕是保蓄夏秋降雨的最重要措施。春季整地以保墒为主。

四、确定播种期

“早种一把糠，晚种一把米”，说明谷子播种期的选择非常重要。适期播种，是谷子高产稳产的重要措施。确定适宜的播种期，必须根据谷子品种的生长发育特性和当地自然气候规律，使谷子生育期能充分利用自然条件（气温、光照、降水等），使谷子的需水规律与当地的自然降水规律一致。苗期处在干旱少雨季节，利于根系生长；拔节期在雨季来临初期，利于穗分化；孕穗期在雨季中期，防止“胎里旱”；抽穗期在雨季高峰期，防“卡脖旱”，达到穗大花多；开花灌浆期在雨季之后，光照足，昼夜温差大，有利于灌浆，籽粒饱满；成熟期在霜冻之前。

谷子种子发芽的最低温度是 6～7℃，以 15～25℃ 发芽最快，所以当田间 10cm+层温度达 10℃ 时即可播种。

五、适时播种

1. 播种方法

播种方法因耕作制度和播种工具而异，分为耧播、机播。

（1）耧播。主要用于露地种植，耧播下籽均匀，覆土深浅一致，开沟不翻土，跑墒少，在墒情较差时有利于保全苗，省工方便。行距以 20~40cm 为宜。

（2）机播。适宜在地势较平坦，土地面积较大的地块。机播具有下籽均匀，工效高，出苗齐、匀的特点。机播法可将开沟、施肥、下种、覆土镇压一次完成，省工、省时，利于培育壮苗，缩短播期，保证适期质量。

2. 合理密植

（1）谷子的产量构成。谷子单位面积产量的高低，决定于每单位面积穗数、每穗粒数和粒重三个因素的乘积。在产量形成的三因素中，单位面积穗数和每穗粒数起主导作用，粒重比较稳定。谷子少分蘖或分蘖多数不能成穗，单位面积穗数主要由留苗密度决定。这样，每穗粒数就成为决定产量高低的主要因素。

据试验研究，谷子穗粒数是从拔节到抽穗后的 41 天形成的，并且穗粒数和穗粒重的形成是同步的。谷子穗粒数的形成和秕粒的形成有两个关键期，一是抽穗前 8 天到抽穗期，此期是谷子小花分化到花粉母细胞减数分裂时期，环境条件不良直接会影响到花粉粒的形成及其生活力，形成大量秕粒，造成减产；二是抽穗后 20~34 天，此期正是谷子灌浆高峰期，水分、养分供应不足就会影响灌浆，粒重下降。

（2）种植密度。谷子种植密度与品种特性、气候条件、土壤肥力、播种早晚和留苗方式等因素有关，一般晚熟品种生育期长，宜稀，早熟品种生育期短，宜密；分蘖强的品种，宜稀，分蘖弱品种宜密；春谷品种宜稀，夏谷品种宜密；在土壤肥力较

高、水肥充足地块宜密，干旱瘠地宜稀。

(3) 播种量。谷籽太小，顶土力弱。“稀不长，稠全上”，说的是谷子出苗依靠群体力量顶出地面。

3. 播种深度

谷粒小，覆土宜浅。播种过深，幼苗出土慢，芽鞘细长，生长瘦弱，或在土中“卷黄”，不利于培育壮苗，而且幼芽易受病虫侵染。播种过浅，表土水分蒸发不能满足发芽需要，出不了苗。

4. 施用种肥

谷粒小，胚乳中贮藏的养分较少，只能供发芽出苗后短期生长，而幼苗又较弱小，根系少，吸收能力较弱，施用少量速效氮肥做种肥就可及时满足其需要。种肥的作用甚至可延续到籽粒灌浆期，使灌浆过程加快，增加穗数，减少粒数。

5. 播后镇压

播后镇压是谷子保苗的一项重要措施。“谷子不发芽，猛使砘子砸”“播后砘三砘，无雨垄也青。”谷子比一般作物播种晚，又籽粒小，播种浅，而谷子产区春季干旱多风，播种层容易风干；有时整地质量不好，土中有坷垃、大孔隙，播种后谷粒不能与土壤紧密接触，对出苗不利。镇压既可减少干土层的厚度，提墒保墒，又使种子与土壤紧密接触，有利于吸水、发芽和出苗。

六、苗期管理

苗期管理的中心任务是在保证全苗的基础上促进根系发育，培育壮苗。壮苗的标准是根系发育好、幼苗短粗苗壮、苗色浓绿、全田一致。苗期管理的主要措施如下。

1. 保全苗

“见苗一半收”，所以要采取各种措施保全苗，主要措施如下。

（1）秋冬深耕蓄墒，冬春耙耱保墒，播前镇压提墒（三墒整地），搞好秋雨春用，满足谷子发芽出苗对水分的要求，以保全苗。

（2）秋冬未蓄墒，春季干旱无雨，出苗困难，采取抗旱播种技术，争取全苗。

（3）防“卷死”“悬死”“烧尖”“灌耳”。出苗前土壤干旱镇压，可增加耕层土壤含水量，有利于种子萌发和出土。播后遇雨，出苗前镇压，可破除土壤板结，防止“卷死”。出苗后镇压，可以破碎坷垃，使土壤紧实，防止“悬苗”。由于镇压提高表层土壤含水量，使土温上升慢，可以防“烧尖”。低洼地防止小苗“灌耳”“游心”。做好排水准备，灌后要及时镇压，也可减轻为害。

（4）查苗补苗。出苗后发现缺苗断垄时，可用催过芽的种子进行补种。来不及补种或补种后仍有缺苗时，可结合间苗进行移栽补苗。移栽谷苗以发出白色新根易于成活。为促使谷苗发出新根，可将间下的谷苗捆束，将根在水中浸一夜发出新根，移栽成活率很高。移栽时在需补苗的地方开浅沟，浇满水，将谷苗浅插湿泥中。再撒上一层细土，以防板结。据试验，移栽谷苗以五叶期最易成活。此外，还可通过中耕用土稳苗防止风害伤苗；早疏苗、晚定苗，播前防治地下害虫，及时防治苗期虫害，减少幼苗损伤来保全苗。

2. 间苗、定苗

谷籽粒小，出苗数为留苗数的几倍以至十几倍。谷子又多系条播，出苗后谷苗密集在一条线上，相当拥挤，互相争光、争水、争肥，尤其是争光的矛盾尤为严重。如不及时疏间，往往引起苗荒、草荒，影响根系发育，形成弱苗，后期容易倒伏，又不抗旱。因此，要及早间苗。农谚有“谷间寸，顶上粪”，说明早间苗效果好，对培育壮苗十分重要。早间苗能改善幼苗生态环

境，特别是光照条件；能促进植株新陈代谢，生理活动旺盛，有机物质积累多，因而根系发达，幼苗健壮，为后期壮株大穗打下基础，是谷子增产的重要措施。综合各地试验，间苗越晚，减产幅度越大。早间苗一般可增产10%~30%。据试验，谷子以4~5片叶间苗、6~7片叶定苗为宜。间苗时，要留大不留小、留强不留弱、留壮不留病、留谷不留莠。

3. 蹲　苗

蹲苗就是通过一系列的促控技术促进根系生长，控制地上部生长，使幼苗粗壮敦实。蹲苗应在早间苗、早中耕、施种肥、防治病虫害的基础上，采取下列措施。

（1）压青砘。谷苗2~3片叶时午后进行。幼苗经过砘压之后，有效地控制地上部生长，使谷苗茎基部变粗，促使早扎根、快扎根，提高根量和吸水能力，且能防止后期倒伏。据河北农作物研究所1973年试验，压青后1~3节间比对照显著变短，茎高比对照矮4.7~9.1cm。

（2）适当推迟第一次水肥管理时间。谷子出苗后，土壤干旱、谷苗根系伸长缓慢，只要底墒好，就能不断把根系引向深处，有利于形成粗壮而强大的根系。因此，应在土壤上层缺墒，而有底墒的情况下蹲苗。控上促下，培育壮苗。谷子出苗后，适当控制地表水分，即使有灌溉条件，苗期也不灌溉。一般情况下，第一次水肥管理可以在穗分化开始时进行，如果土壤水肥好，幼苗生长正常，可推迟到幼穗一级枝梗开始分化时进行。在此期间，如果中午叶片变灰绿色，发生卷曲，在下午4时前又可恢复正常的，控水可继续下去；如果上午叶片卷曲，到下午4时前还不能恢复正常的，应及时浇水。

（3）深中耕。谷子苗期如果土壤湿度大、温度高，则应进行深中耕。苗期深中耕可以促进根系的发育，减缓地上部生长，并使茎秆粗壮，利于培育壮苗。

（4）喷施磷酸二氢钾、矮壮素。拔节喷施磷酸二氢钾，幼苗健壮，叶色黑绿，根量增多，有明显的壮秆壮穗效果。喷施矮壮素，也可缩短茎基部节间，延缓地上生长，使谷苗健壮。

4. 中耕锄草

谷子幼苗生长缓慢，易受杂草为害，应及时中耕除草。谷子第一次中耕，一般结合间苗或在定苗后进行。这次中耕兼有松土、除草双重作用，而且还能增温保墒，促进谷子根系生长并深扎。中耕应掌握浅锄、细锄，破碎土块，围正幼苗技术，做到除草务净、深浅一致，防止伤苗压苗。

谷子苗期杂草多时，可用化学药剂除草，既提高工效，又能节省劳力，增产效果显著。据黑龙江省药剂除草经验，以2,4-D丁酯除草应用较为普遍，除草效果好。用药量和喷药时间得当，防除宽叶杂草效果可达90%以上。防治时间宜在4~5叶期，药量每亩用72% 2,4-D丁酯34~52g。用背负式喷雾器每亩（1亩≈667m^2）对水30~50kg，机引喷雾器每亩对水25kg左右喷洒。

谷莠草是谷子的伴生性杂草，苗期与谷子形态相似，不易识别，很难拔除。近几年在东北地区试验，用选择性杀草剂扑灭津杀除效果很好。50%可湿性粉剂的扑灭津每亩0.2~0.4kg，在播种后出苗前喷雾处理土壤，杀灭效果可达80%以上。此外良种种植几年后谷莠子苗色与谷苗一样，更换不同苗色的另一良种，间苗时可根据苗色将谷莠子全部拔除。

七、拔节抽穗期管理

谷子拔节到抽穗是生长和发育最旺盛时期，要加强田间管理。田间管理的主攻方向是攻壮株、促大穗。拔节期壮株长相是秆扁圆、叶宽挺、色黑绿、生长整齐。抽穗时呈秆圆粗敦实、顶叶宽厚、色黑绿、抽穗整齐。管理主要措施如下。

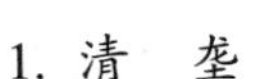

1. 清　垄

拔节后谷子生长发育加快，为了减少养分、水分不必要的消耗，为谷子生长发育创造一个良好的环境，要认真进行一次清垄，彻底拔除杂草，残、弱、病、虫株等，使谷田生长整齐，苗脚清爽，通风透光，有利谷苗生长。

2. 追　肥

谷子拔节以前需肥较少，拔节以后，植株进入旺盛生长期，幼穗开始分化，拔节到抽穗阶段需肥最多，然而这时土壤养分的供给能力最低。据黑龙江嫩江地区农科所试验，土壤养分从谷子生育的初期开始逐渐减少，拔节以后的孕穗期到抽穗阶段最低，远不能满足谷子生长需求。施入农家肥经分解后才能供应吸收，这时即使转化一部分，也赶不上需要。因此，必须及时补充一定数量的营养元素，对谷子生长及产量形成具有极其重要的意义。

磷肥一般作底肥，不作追肥。钾肥就目前生产水平，土壤一般能满足需要，无需再行补充。追施氮素化肥能显著增产。河北承德地区农科所在旱地上试验，每亩施纯氮 3kg，以尿素作追肥效果最好，11 个点平均增产 58. 9%；其次是硝酸铵、氯化铵，增产效果在 43. 8%～48. 1%；再次是氨水、硫酸铵、碳酸氢铵，增产 34. 1%～37. 5%；石灰氮效果最差，不适于作追肥。速效农家肥如炕土、腐熟的人粪尿、含氮素较多的完全肥料，都可作追肥施用。

谷子追肥量要适当。过少增产作用小，但过多，不但不能充分发挥肥效，经济效果也不好，而且导致倒伏，病虫害蔓延，贪青晚熟，以致减产。从各地试验结果看，一次追肥每亩用量以纯氮 5kg 左右为宜。据河北承德地区农科所试验，以硫酸铵作追肥，在中等肥力的土地上，每亩施用 20～30kg 产量最高。如果是硝酸铵每亩不宜超过 20kg。为做到科学追肥，应根据产量指标、土壤中速效养分含量、底施有机肥中有效元素含量及肥料当地当年利用率估算，不足部分追肥补足。据试验，穗分化前期追肥，主要是供应枝梗分化时对养分的要求，使分枝增多、小穗增多。穗分化后期追肥，促进小花发育，减少秕籽、空壳，增加饱满粒数。所以拔节后穗分化开始到抽穗前孕穗期都是追肥适期。从各地试验看，若氮素肥料较少，一次追肥，增产作用最大时期是抽穗前15~20天的孕穗期。同样肥料，孕穗期追效果好于拔节期追。但在瘠薄地或高寒地区要提前些。若氮素肥料较多，最好两次追肥。第一次于拔节始期，称为“坐胎肥”，第二次在孕穗期，叫“攻籽肥”，但最迟必须在抽穗前10天施入，以免贪青晚熟。各地试验分期追比一次追效果更好。据试验，同样数量氮肥，分期追比集中在拔节始期一次追的增产5.9%~22.6%，也比孕穗期一次追的增产11.3%。分期追肥时，在肥地或豆茬地上，第一次少追、第二次多追效果好，但后一次也不宜过量，如广灵南房基点在高肥地试验，拔节始期5kg，孕穗期追10kg，比各追7.5kg增产12.9%。在旱薄地或苗情较差的地块或无霜期短的地区或早熟品种则初次要多追，以不使苗狂长为度，后期少追，促进前期生长，实现穗大穗齐。山西应县在低肥地上试验，第一次多追、第二次少追，比第一次少追、第二次多追的增产16.7%。

追肥宜用耧顺垄施入，既防止烧苗，又提高工效。为了发挥氮素的最大增产作用，追肥时要看天、看地、看谷苗。看天：因肥料溶于水才能吸收，在旱地上，应摸清当地降雨规律，或根据天气预报，力争雨前甚至冒雨追施。一般应适时早追，以便使谷子能够比较及时地充分利用肥料，宁让肥等水，不要水等肥。涝年土壤水分多，肥地易徒长，要适当控制施肥量。一般风天不要撒施，以免施得不匀或烧苗。看地：即看土质土性。黏土、背阴、下湿等秋发地，不发小苗应早追施，促苗早发；相反，沙性土、向阳的春发地，发小不发老，可略晚追肥。薄地多追，肥地

少追。看苗：谷苗缺氮时要及时早追肥，弱苗要早追、多追，生长过旺要迟追或少追甚至不追。一般追肥后结合中耕埋入土中或追后浇水，以提高肥效。易挥发性的肥料一定要深施。

3. 浇　水

旱地谷通过适期播种赶雨季，满足谷子对水分的要求，水地谷除利用自然降雨外，根据谷子需水规律，对土壤水分进行适当调节，以利谷子生长。谷子拔节后，进入营养生长和生殖生长阶段，生长旺盛，对水分要求迅速增加，需水量多，如缺水，造成"胎里旱"，所以拔节期浇一次大水，既促进茎叶生长，又促进幼穗分化，植株强壮，穗大粒多。孕穗抽穗阶段，出叶速度快，节间伸长迅速，幼穗发育正处于小穗原基分化到花粉母细胞四分体形成时期，对水分要求极为迫切，为谷子需水临界期，如遇干旱造成"卡脖旱"，穗抽不出来，出现大量空壳、秕籽，对产量影响极大。因此，抽穗前即使不干旱也要及时浇水。据试验，抽穗前浇水可增产 69. 3%。据报道，谷子一生灌三水，即拔节、孕穗、抽穗期各灌一水效果最好。比不灌的增产 89. 5%，比灌两次和一次的分别增产 67. 3%和 20. 2%。如果灌水一次，以抽穗期灌水效果最好，比不灌的增产 26. 4%，其次是孕穗期灌水，增产 12. 3%，拔节期灌水增产 12%。如灌两水，以孕穗、抽穗期各灌一次效果最好。比不灌水的增产 74. 3%，而拔节和抽穗期各灌一水的增产 60. 3%。旱地谷没有灌溉条件，抽穗前进行根外喷水，用水量少，增产显著。

4. 中耕除草

谷子拔节后，气温升高，雨水增多，杂草滋生，谷子也进入生长旺盛期，此时在清垄的基础上，结合追肥和浇水进行深中耕，深度 7～8cm。深中耕可松土通气，促进土壤微生物活动，加速土壤有机质分解，充分接纳雨水，消灭杂草，有利于根系生长，而且可以拉断部分老根，促进新根生长，从而起到促控作用，既控制地上部茎基部茎节伸长，又促进根系发育。陕西渭南地区农民称这次中耕是“挖瘦根，长肥根”“断浮根，扎深根”，有利吸水吸肥、增强后期抗倒抗旱能力。据河南省南乐县前平邑大队试验，深锄 6.7cm 的比 3.7cm 的增产 10.9%。谷子在孕穗期结合追肥浇水进行第三次中耕，这次中耕不宜过深，以免伤根过多，影响生长发育。一般 5cm 左右为宜。除松土除草外，同时进行高培土，促进气生根生长，增加须根，增强吸收水肥能力，防止后期倒伏，提高粒重，减少秕粒，又便于排灌。

八、抽穗成熟期管理

田间管理的主攻方向是攻籽粒，重点是防止叶片早衰，延长叶片功能期，促进光合产物向穗部籽粒运转积累，减少秕籽，提高粒重，及时成熟。具体措施如下。

1. 浇攻籽水

高温干旱谷子开花授粉不良，影响受精作用，容易形成空壳，降低结实率。灌浆成熟期干旱造成“夹秋旱”，抑制光合作用正常进行，阻碍体内物质运转，易形成秕粒，影响产量。因此，有灌溉条件的应进行轻浇或隔行浇，有利于开花授粉、受精，促进灌浆，提高粒重。灌浆期干旱又无灌溉条件可在谷穗上喷水，也可增产。如孟县 1972 年在谷穗上喷水两三次，增产 20%～30%。灌水时注意低温不浇、风天不浇，避免降低地温和倒伏。

2. 根外追肥

谷子后期根系生活力减弱，如果缺肥，进行根外喷施。谷子后期叶面喷施磷肥、氮肥和微肥，可促进谷子开花、结实和籽粒灌浆，能提高产量。河北张家口地区农科所于抽穗开花期喷施磷酸二氢钾稀溶液，增产 36.5%（包括天旱喷水因素在内）。山西农业科学院谷子所多点试验，喷施磷酸二氢钾增产 6.59%～

10.64%。其方法有：每 500g 磷酸二氢钾加水 400～1 000kg，每亩喷 75kg 左右；2%尿素+0.2%磷酸二氢钾+0.2%硼酸溶液，每亩 40～50kg；400 倍液磷酸二氢钾溶液，每亩 100～150kg；200～300 倍过磷酸钙溶液，每亩 150～200kg，于开花灌浆期叶面喷施。山西农业科学院作物遗传所于抽穗灌浆期喷微量元素硼，15 个点平均增产 110.7%。其方法是：每亩 30g 硼酸溶于 100kg 水中，抽穗始期与灌浆前各喷一次。

3. 浅中耕

谷子生育后期，若草多，浇水或雨后土壤板结，必须浅中耕。

4. 防涝、防“腾伤”、防倒

谷子开花后，根系生命力逐渐减弱，最怕雨涝积水，通气不良，影响吸收。为此，雨后要及时排出积水，浅中耕松土，改善土壤通气条件，有利根部呼吸。谷子灌浆期，土壤水分多，田间温度高、湿度大，通风透光不良，易发生“腾伤”。即茎叶骤然萎蔫逐渐呈灰白色干枯状，灌浆停止，有时还感染病害，造成谷子严重减产。为防止“腾伤”，适当放宽行距或采用宽窄行种植，改善田间通风透光条件。高培土以利行间通风和排涝。后期浇水在下午或晚上进行。在可能发生“腾伤”时，及时浅锄散墒，促进根系呼吸等。谷子进入灌浆期穗部逐渐加重，如根系发育不良，雨后土壤疏松，刮风极易根部倒伏。谷子倒伏后，茎叶互相堆压和遮阴，直接影响光合作用的正常进行，而呼吸作用则加强，干物质积累少、消耗多，不利于灌浆，秕籽率增高，严重影响产量。所以农谚有“谷子倒了一把糠”的说法。为防止倒伏，要采取一系列措施防止倒伏，如选用高产抗倒抗病虫品种，播后要三砘，及时间定苗，蹲好苗，合理密植、施肥，科学用水，深中耕、高培土等。

第二节　谷子病虫害防治

一、谷子主要病害防治

（一）白发病

1. 发病条件

病原菌以卵孢子混杂在土壤中、粪肥里或黏附在种子表面越冬。卵孢子在土壤中可存活2～3年。用混有病株的谷草饲喂牲畜，排出的粪便中仍有多数存活的卵孢子。

2. 传播途径

土壤带菌是主要越冬菌源，其次是带菌厩肥和带菌种子。

3. 发病部位

叶、穗。

4. 症　状

白发病是系统性侵染病害，从谷子出苗到抽穗的不同时期表现不同症状，如灰背、白尖、白发、看谷老等。

（1）灰背。谷苗3～4片叶时，病叶肥厚，叶正面黄白色条纹。田间湿度大时，叶背面密布灰白色霉层，叫“灰背”。

（2）白尖和枪杆。当叶片出现灰背后，叶片干枯，但心叶仍能继续抽出，只是心叶抽出后不能正常展开，而是呈卷筒状直立，呈黄白色——白尖，以后逐渐变褐色枪杆状。

（3）白发。变褐色的心叶受病菌为害，叶肉部分被破坏成黄褐色粉末，仅留维管束组织呈丝状，植株死亡。

（4）看谷老。部分病株发育迟缓，能抽穗，或抽半穗，但穗变形，小穗受刺激呈小叶状，整个穗子像刺猬头，故又称刺猬头，不结籽粒，内里有大量黄褐色粉末。

5. 防治方法

（1）土壤处理。每亩用40%敌克松0.25kg加细干土15kg，播种时一块播下。

（2）合理轮作。由于致病菌的寄主范围较窄，实行3年以上的轮作。

（3）拔除病株。在田间及时拔除病株，减少菌源，早期，即灰背阶段到白尖期一旦发现，连续拔除，一旦形成白发，卵孢子散落即无作用。

（4）药剂处理。用35%瑞毒霉按种子量的0.3%或用35%阿普隆按种子量的0.27%拌种，拌种时先用种子量1%的清水拌湿种子，再加药拌匀。也可用40%萎锈灵粉剂按种子量的0.7%拌种。

（二）谷瘟病

谷瘟病是谷子重要病害，在各个生育阶段均可发病。

1. 发病条件

谷子生长期间，高湿、多雨、寡照天气有利于谷瘟病发生。山西省7—8月为降雨集中阶段，发病严重。

2. 传播途径

带菌种子和病株残体是初侵染菌源。

3. 发病部位

主要在叶片、叶鞘、穗颈、小穗柄及籽粒上为害，其中叶片和穗受害最大。

4. 症状

苗期发病在叶片和叶鞘上形成褐色小病斑，严重时叶片枯黄。拔节严重发生时，4~5节病斑密集，互相会合，叶片枯死。穗部主要侵害小穗柄和穗主轴，病部灰褐色，小穗随之变白枯死，引起“死码子”。严重时半穗或全穗枯死。

5. 防治方法

（1）选择适宜的抗病品种。

（2）种子处理。用 55~57℃温水浸种 10 分钟，取出后放入冷水中翻动 2~3 分钟，晾干播种。或用 70%甲基托布津可湿性粉剂 0.5kg，或 50%多菌灵可湿性粉剂 0.2kg 拌种 100kg。可兼治谷子黑穗等其他病害。

（3）轮作。可与大豆、小麦等轮作。

（4）药剂防治。在 7—8 月谷瘟病易发生期防治，可用 50%多菌灵、70%甲基托布津、70%代森锰锌 500~800 倍液喷雾，隔 7 天再喷一次。

（三）粒黑穗病

1. 发病条件

是真菌引起的病害，病菌黏附在种子表面越冬。病菌厚垣孢子存活力很强，在室内干燥条件下可存活 10 年以上。

2. 传播途径

主要由种子带菌传播，土壤也传播。

3. 发病部位

穗部。

4. 症　状

是芽期侵入的病害，为系统病害。病穗抽穗较晚，病穗短小，常直立不下垂，呈灰绿色，一般全穗受害，也有部分籽粒受害，病籽稍大，外有灰白色薄膜包被，坚硬，内充满黑褐色粉末即病菌的厚垣孢子。

5. 防治方法

（1）选用抗病品种抗病品种较多，如晋谷 36、大同 29 等。

（2）建立无病留种田使用无病种子。

（3）轮作实行 3~4 年的轮作。

（4）种子处理用 50%福美双可湿性粉，或 50%多菌灵可湿性粉，按种子重量 0.3%拌种，或用 40%拌种双可湿性粉以 0.1%~0.3%剂量拌种，粉锈宁以 0.3%剂量拌种效果也很好。

(四) 叶锈病

1. 发病条件

高温多雨有利于病害发生。7—8 月降雨多，发病重。氮肥过多，密度过大发病重。

2. 传播途径

以夏孢子和冬孢子越冬、越夏，成为初侵染源，病菌借气流传播。

3. 发病部位

主要是叶片，其次是叶鞘。

4. 症　状

侵染初期发病部位为长圆形黄褐色隆起小点，破裂，散出红褐色粉末（病菌夏孢子）。严重时叶片布满病斑，以致枯死。后期黑色病斑出现，圆形或长圆形，最后露出黑色粉末，病斑以叶鞘上较多。

5. 防治方法

（1）选用抗病品种。可选晋谷 21、大同 29 等谷子品种。

（2）拔除病株。清除田间病残体，适期早播避病，不宜过密。

（3）药剂防治。用波美度 0.4～0.5 石硫合剂喷雾，或用 65%代森锌可湿性粉剂 700～1 000 倍液喷雾或与磷酸二氢钾混合喷雾。

二、谷子主要虫害防治

(一) 粟茎跳甲

粟茎跳甲俗称“地蹦子”“地格蛋”。发生特点：幼虫及成虫为害幼苗，在 6 月中旬至 7 月上旬为害严重，一般春谷早播重于迟播，重茬谷比轮作田重，荒草丛生田受害重，干旱少雨年份发生严重。

1. 为害部位

幼苗嫩茎。

2. 为害症状

幼虫钻蛀幼苗基部蛀食，使心叶干枯死亡，形成枯心苗。成虫白天活动，善跳会飞，取食叶片的叶肉，咬成白色条纹，严重造成缺苗断垄，甚至毁种。幼虫孵化后从苗茎基部蛀入，3 天后使心叶卷扭渐变干枯。在谷苗高 6.5~30cm 时，大部分枯心苗是由粟茎跳甲造成。

3. 防治方法

关键在成虫入土后，幼虫还没有钻入茎之前防治，效果好。

（1）合理轮作，避免重茬，适时晚播，错过成虫发生盛期以减轻为害。

（2）谷子间苗和定苗前后，用 10% 吡虫啉可湿性粉剂 1 000~1 500 倍液喷雾，也可在谷子“仰脸”时用 2.5% 溴氰菊酯 1 500~2 000 倍液喷雾。

（二）粟灰螟

粟灰螟也叫谷子钻心虫。

1. 发生特点

以老熟幼虫在谷茬内、谷草、玉米茬及玉米秆里越冬，常和玉米螟混合发生为害谷子。幼虫于 5 月下旬化蛹，6 月初羽化，6 月中旬为成虫盛发期，随后进入产卵盛期。

2. 为害部位

钻蛀心叶、茎秆。

3. 为害症状

苗期受害形成枯心苗，穗期受害遇风易折倒，并使谷粒空秕形成白穗。

4. 防治方法

防治关键是掌握产卵盛期。

（1）拔除病株。及时拔除谷子田间的虫株、枯心苗，以防幼虫转株为害。

（2）药剂防治。在谷子拔节抽穗期间用50%辛硫磷乳油0.3~0.5kg加细土300~500kg，拌匀后顺垄撒在谷苗基部。或用5%来福灵乳油2 000~3 000倍液喷雾，或用2.5%溴氰菊酯，或20%氰戊菊酯3 000倍液喷雾；用苏云金杆菌粉500g加10~15kg滑石粉，或其他细粉混匀配成500倍液喷雾。

（三）粟鳞斑叶甲（粟灰褐叶甲）

粟鳞斑叶甲别名“土蛋蛋”。发生特点：幼虫、成虫均为害，有假死性。潜于地表，是为害谷子的主要害虫。一般在4—5月为害谷苗，10月后成虫在土块下、土缝里、烂叶下面和杂草的根际越冬。故耕作粗放、杂草多的地块、干旱少雨年份发生严重，一般坡地重于平地，旱地重于灌地，沙壤地重于黏土地。

1. 为害部位

谷子幼茎、芽。

2. 为害症状

主要以成虫在谷子出土时咬食嫩芽顶心和茎基部，称“咬白”，出苗后“咬青”，幼苗叶片出现白点。造成缺苗断垄，严重时全田毁种。

3. 防治方法

（1）播种深度适宜，出苗前压青，促苗早发。

（2）清除杂草。精耕细作，蓄水保墒。

（3）适时早播。虫害较重地块，避过幼虫的主要为害期。

（4）拌种。播前用50%辛硫磷乳油以种子重量0.3%的药剂拌种，晾干后再播种。

（5）药剂防治。幼苗出土到三叶期用10%吡虫啉可湿性粉剂1 000~1 500倍液喷雾。

第二章　黍子优质高产栽培技术

第一节　黍子栽培技术

黍子主要分布在干旱半干旱地区，“十年九春旱”和土壤缺墒是限制冀北黍子适时播种的主要因素，所以黍子播种的主要任务是保全苗和壮苗。

一、选用良种

选用良种包括两方面内容：一是选用区域化良种，二是要使用优质种子。为了提高种子质量，在播种前应做好种子精选和处理工作。黍子种子精选，首先在收获时进行田间穗选，挑选那些具有本品种特点的、生长整齐、成熟一致的大穗，保存好作为下年种子。对精选过的种子，特别是由外地调换的良种，播前要做好发芽试验，一般要求发芽率达到90%以上，如低于90%，要酌情增加播种量。

二、播前种子处理

播前种子处理包括晒种、浸种和药剂拌种等，可提高种子发芽势和发芽率，减轻病虫为害，达到出苗早、苗全和苗壮的目的。

1. 晒　种

晒种可改善种皮的透气性和透水性，促进种子后熟，增强种

子生活力和发芽力。晒种还能借助阳光中的紫外线杀死一部分附着在种子表面的病菌，减轻某些病害的发生。方法是播种前一周，选晴天把种子摊在干燥向阳的地上或席上暴晒，并要经常翻动种子，以保证晒匀晒到，然后收装待种。

2. 浸　种

浸种能使黍种提早吸水，促进种子内部营养物质的分解转化，加速种子的萌芽出苗，还能有效防治病虫害。据宁夏固原地区农业科学研究所 1990—1991 年试验，清水浸种 12 小时，出苗整齐、根系发达，分蘖多、植株生长旺盛。另据新疆（新疆维吾尔自治区，全书简称新疆）刘杰龙报道，用过磷酸钙水溶液浸种 8~12 小时，可起到种肥作用，并可提早出苗。另外，用 500 倍的磷酸二氢钾浸种 12 小时，有促进种子萌发、增强酶的活性等作用。

3. 药剂拌种

药剂拌种是防治地下害虫和黍子病害的有效措施。播前用药、水、种 1：20：200 比例的“农抗 769”或用种子重量 0.3%的“拌种双”拌（闷）种，对黍子黑穗病的防治效果均在 99%以上；据新疆刘杰龙试验，播前 2~3 天用 300 倍的福尔马林水溶液拌种或浸种 3~4 分钟，然后覆盖堆闷 2 小时，摊开稍干后播种，亦可有效防治黑穗病。用种子重量 0.04%的 40%毒死蜱乳油拌种，均可有效防治黍子地下害虫特别是蛴螬的为害。

4. 采用保水种衣

将保水剂包裹在种子表层形成保水种衣，能在土壤墒情较差的情况下达到发芽出苗的目的。在保水剂中也可以加入杀菌剂、杀虫剂，可有效防治黍子的黑穗病及地下害虫等。

三、苗期管理

黍子从出土到拔节前为苗期阶段。苗期管理是在保证全苗的基础上，控上促下，培育壮苗。壮苗的长相是根系发育好，幼苗短粗茎壮，苗色深绿。主要措施如下。

1. 保证全苗

全苗是黍子丰产的基础，也是黍子苗期管理的关键。除播种前做好整地保墒、防治地下害虫等工作外，播后镇压是一项重要的保苗措施。除土壤湿度太大外，一般要随种随压，以破碎坷垃，压实土壤，使土壤耕作层上虚下实，与种子紧密结合，有利地下水上升和种子吸水发芽。另外，在旱情严重、墒情较差的情况下，要适当增加播种量。如播后遇雨或土壤含水量太高，造成地表板结，可用耙或锄打破土壳以利出苗。

2. 蹲苗促壮

根据黍子苗期需水较少，比较耐旱的特性和壮根壮苗的要求，采取蹲苗促壮是行之有效的措施。冀北黍子产区大多“十年九春旱”，黍子出苗后的气候条件有利于蹲苗。即使有灌溉条件，苗期也不宜浇灌，以控制地上部生长，促进根系深扎。黍子出苗后土壤干旱，黍苗根系生长缓慢，只要底墒好，就能不断把根系引向深处，有利于形成粗壮而强大的根系。因此应在土壤上层缺墒而有底墒的情况下蹲苗，控上促下，培育壮苗。

3. 防“灌耳”“烧尖”

黍苗出土，如遇急雨，往往把泥浆灌入心叶，造成泥土淤苗，叫作灌耳。为了防止灌耳，应根据地形在黍地挖几条排水沟，避免大雨存水淤垄，低洼积水处要及时排水，破除板结。在土壤疏松、干旱而播种晚的地块，黍苗刚出土时，中午太阳暴晒，地温高，幼苗易被灼伤或烧尖，造成死苗。要防止烧尖，必须做好保墒工作，增加土壤水分，使土壤升温慢，同时要做好镇压提墒工作。

4. 间苗和定苗

黍子播种量是留苗的数倍，故出苗后黍苗拥挤，使植株生长

细弱，因此早间苗防苗荒，有利于培育壮苗。但我国有些黍子产区无间苗习惯，另一些春季多风地区，为了防止大风扒苗，也不间苗。这样就常常形成草与苗、苗与苗之间争水、争肥、争光的矛盾，影响了黍苗的生长，难以形成壮苗。

黍子间苗稀植能增产。黍子间苗后，给幼苗创造了一个良好的生态环境，使其能充分利用光、热、水、气、养分等有利条件，有明显提高产量的作用。黍子间苗的益处如下。

（1）促进幼苗生长健壮。间苗与不间苗相比较，幼苗的根系长短、叶子的宽窄有明显区别，间苗比不间苗的幼苗生长快，茎秆粗壮、叶色深绿，提前拔节。

（2）分蘖增加。黍子是一种分蘖强的作物，且多数分蘖都能成穗。试验证明，经间苗的黍子，平均分蘖达 2.15 个，多的在 6 个以上，平均株高 142cm，穗长 33.2cm，亩总苗数 5 万株时，成穗数 12.5 万株/亩，单株穗重 11.2g，株粒重 7.1g，平均亩产 350kg 左右；不间苗的平均分蘖 1.2 个，最多 3 个，平均株高 118cm，穗长 21.3cm，亩总苗数 9 万株左右，成穗数 10.8 万/亩，单株穗重 7.1g，株粒重 3.2g，平均亩产 285kg 左右。间苗的比不间苗增产 18.6%。

（3）籽粒饱满、千粒重高。间苗比不间苗黍子千粒重一般可增加 0.5g 左右，且出米率也有所提高。

（4）抗倒伏能力增强。经间苗的黍子植株第二茎节粗为 1.0cm 左右，不间苗的只有 0.6cm，所以有“黍间寸、顶上粪”的农谚。黍子早间苗，根系发达，植株健壮，为后期壮株促大穗打下基础，是黍子增产的重要措施。特别是在播种密度较大时，必须及早间苗。黍子发芽时，仅长出 1 条幼根，3 叶期后，近地表分蘖节长出次生根，随着叶龄的增多，次生根数逐渐增多，这样就会给间苗带来困难，不但费工而且容易伤幼苗，影响黍子的生长。因此黍子间苗要小、要早，最好在 2~3 叶期进行。

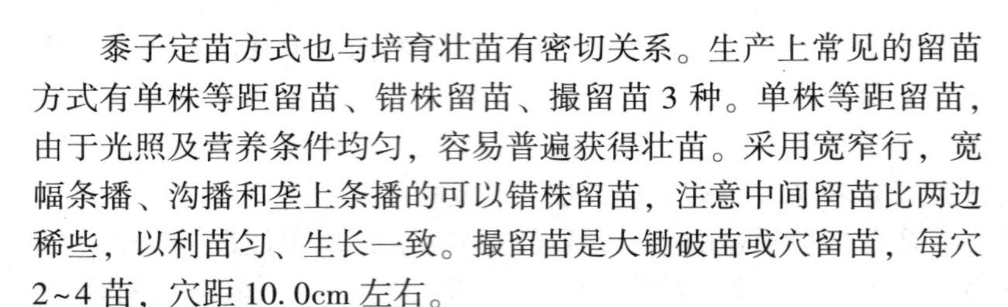

黍子定苗方式也与培育壮苗有密切关系。生产上常见的留苗方式有单株等距留苗、错株留苗、撮留苗3种。单株等距留苗，由于光照及营养条件均匀，容易普遍获得壮苗。采用宽窄行，宽幅条播、沟播和垄上条播的可以错株留苗，注意中间留苗比两边稀些，以利苗匀、生长一致。撮留苗是大锄破苗或穴留苗，每穴2~4苗，穴距10.0cm左右。

5. 中耕除草

中耕除草是黍子的一项重要管理措施。农谚“锄头上三件宝，发苗、防旱又防涝”“黍锄三遍、八米二糠”生动地说明了中耕除草的重要性。中耕除草可疏松土壤，增加土壤通透性，蓄水保墒，提高地温，促进幼苗生长，同时还有除草增肥之功效。黍子幼苗生长慢，幼根不发达，易受草害，所以必须早锄细锄，盐碱地要早锄、多锄、疏松表土、防止碱化。晋西北的“黍锄点点，谷锄针”、陕西榆林的“黍锄两耳、谷锄针”等农谚突出说明黍子要早间苗、早中耕。此时黍子仅长出两片叶，中耕时要注意浅锄短拉，严防土块压苗；在4~5叶期，结合定苗进行第二次中耕，同时做到除草、松土并与去劣去弱苗相结合，以促进次生根生长，防止大风伤苗。

6. 化学除草

用除草剂除草省工、效果好。除草剂种类很多，适于黍子使用的有2,4-D类和阿特拉津等。2,4-D类除草剂为苯氧乙酸类化合物，主要有2,4-D酸、2,4-D钠盐、2,4-D铵盐、2,4-D丁酯等，可以防除黍子田内的苋菜、灰灰菜、问荆、蓼、三棱草、牵牛花和莎草等杂草。施药时期可以在播种出苗前，每亩用50~100g，对水25~50kg，顺行间喷洒，尽量不要喷在幼苗上。施用时防止飘散到附近的双子叶作物上。

阿特拉津（38%莠去津悬浮剂）是具有高度选择性的内吸传导型除草剂，它对很多杂草有杀伤作用，如稗草、狗尾草、苦

苣、马齿苋、灰灰菜、刺儿菜、龙葵、苋菜等一年生禾本科杂草和阔叶杂草，除草效果达90%以上。施药时期为播种前和播种后效果都很显著，每亩用量40%阿特拉津200g最为理想。

四、拔节抽穗期管理

黍子拔节到抽穗是生长发育最旺盛的时期，田间管理的主攻方向是攻壮株，促大穗。壮株的丰产长相是叶色黑绿光亮、茎秆粗壮、生长整齐一致。管理的主要措施如下。

1. 清　垄

黍子拔节后生长发育加快，为了减少养分、水分的无益消耗，为黍子生长发育创造一个良好的环境，实现壮株的目的，要认真进行一次清垄，彻底拔除杂草和弱、病、虫苗等，使黍苗整齐、苗脚清爽，通风透光良好，以利于生长。结合中耕进行培土，以防止倒伏，中耕深度为3~5cm。

2. 追　肥

黍子苗期需肥较少，拔节后茎叶生长繁茂，幼穗开始分化，该时期需肥量最多，特别是氮素营养的吸收较多。只有吸收充足的氮素，黍子茎叶才能生长繁茂，制造较多的同化产物，为穗大粒多创造条件，这对于夏播黍子尤为重要。生产实践证明，拔节后穗分化开始，直至小穗分化的孕穗期都是适宜的黍子追肥时期。追肥一般应在看天（将下大雨）、看地（土壤肥力不足）、看苗色（叶色发黄）时进行，亩追施尿素5~7.5kg或碳酸氢铵15~20kg，施用后用土覆盖，以防流失，提高肥效。追肥应结合中耕进行。可灌溉地可先施肥，再灌水，后中耕，更能充分发挥肥效。

在土壤缺磷的黍田还可以配合根外喷施一定数量的磷肥，可以促进早熟，增加千粒重，提高产量。

五、开花成熟期管理

黍子开花至成熟期田间管理的主攻方向是攻籽粒，重点是防止叶片早衰，促进光合产物向穗部籽粒转运和积累，减少秕粒，提高千粒重，保证及时成熟。田间管理措施如下。

1. 防旱涝

黍子在开花灌浆期间抗旱能力低于苗期，此阶段逢干旱，即“夹秋旱”，将严重影响光合作用的进行和光合产物的运转，粒重降低，秕粒增多，对产量影响很大。有条件灌溉的应进行轻浇，但不宜漫灌，使地面保持湿润即可。

黍子开花后，根系活力逐渐减弱，这时最怕雨涝积水。雨后应及时排出积水，以改善土壤通气状况，促进灌浆成熟。

2. 防倒伏

黍子进入灌浆期穗部逐渐加重，如根系发育不良，下雨后土壤疏松，刮风即可造成倒伏，严重影响灌浆，使粒重大幅度降低，对产量影响很大，同时也增加了收获的难度。防止倒伏，首先要选用高产、抗倒伏的品种，同时加强田间管理，早间苗，蹲好苗，合理施肥灌溉，并进行深中耕、高培土。

3. 防秕粒

黍子形成秕粒的原因有很多，如灌浆期间遇旱涝、开花期间阴雨多引起的授粉不良及病虫为害和生育后期脱肥、倒伏都会增加秕粒，导致减产。如果黍子贪青晚熟，下霜较早，秕粒也会大量增加，产量严重下降。要防止秕粒，必须结合当地秕粒形成的原因，采取适当措施。主要防止措施如下。

（1）合理轮作，选择抗倒伏、抗病虫害的优良品种。

（2）根据当地气候特点，适期播种，使黍子孕穗、抽穗期赶上雨季，减轻“卡脖旱”“夹秋旱”的影响，从而减少秕粒。

（3）合理密植，增施肥料，适时适量追肥，既要防止贪青

晚熟，又要防止后期脱肥。巧蹲苗、培育壮苗，深中耕，高培土，防止倒伏，及时防治病虫害也可减少秕粒，提高千粒重。

（4）开花灌浆期间根外喷施磷肥、速效氮肥混合液，对减少秕粒也有明显效果。

六、适时收获

1. 收获时期

黍子成熟期很不一致，穗上部先成熟，中下部后成熟，并且主穗与分蘖穗的成熟相差也很大，加之落粒性较强，过晚收获易受损失。适时收获不仅可防止过度成熟引起的折腰，也可减少落粒的损失，获得丰产丰收。一般在穗基部籽粒用指甲可以划破时收获为宜。

2. 收获方法

黍子的收获有机械收获和人工收获两种，目前我国大多数黍子产区仍为人工收获。机械收获适用于大面积生产，其中又分为直接收获和分段收获。

直接收获是用联合收割机一次性作业完成收割、脱粒、分离、清选、集秆、集糠、运粮等程序。

分段收获是用割晒机把黍子割倒，晾晒 2~3 天，再用脱谷机脱粒，此法由于要在田间晾晒后脱粒，应在最适收获期进行。

人工收获分为用镰刀收获和折穗收获。用镰刀收获在冀北黍子产区最为普遍。先将黍子割倒放在田间，晾晒 2~3 天，然后捆成小捆运回晒场，进行打碾脱粒。也有的地方割倒后捆成小捆，成对排列成“人”字形进行晾晒，田间风干后再拉运上场，进行碾打脱粒。折穗收获常用于片选或穗选留种，手工折下黍穗后进行脱粒。黍子脱粒宜即湿进行，过分晒干，颖壳难以脱尽。

七、水地高产栽培技术要点

1. 秋季整地

在秋收作物收获以后，应及时进行深耕。深耕时间越早，土壤含水量越多，土壤熟化时间越长。能改善土壤理化结构，增强保水能力，有利于黍根下扎，增强吸收水分能力，从而提高产量。

2. 品种选择

水地上种植黍子的品种，其生态特点不同于旱地黍子品种，应选择根系发达、茎秆粗壮、抗倒伏、耐高肥水的水地生态型品种。

3. 播种期

灌溉地不受土壤缺水的影响，可选择最适宜的时期进行播种，但要注意及早进行中耕除草。

4. 播种方法

由于冀北各地的地形、土质、耕作制度及气候特点不同，播种方法大部分为条播。条播主要是畜力牵引的耧播和犁播或机播。耧播行距宽窄各地不一致，大致可分为双腿耧和三腿耧两种，行距 33~40cm 或 25~27cm。

犁播是犁开沟手溜籽，为坝上、山西晋北等地群众采用的另一种条播形式。用步犁开沟，行距 25~27cm，播幅 10cm 左右，按播量均匀溜籽。犁播播幅宽、茎粗抗倒伏，但犁底不平、跑墒多、出苗不匀、易缺苗断垄，适宜在早春多雨时采用。条播能使黍子地上叶和地下根系在田间均匀分布，植株拔节后通风透光良好，使个体和群体都能得到良好的发育，还能减轻黍子病害，而且还便于中耕除草和追肥等田间管理。条播以南北方向为好。

5. 播种量和播种深度

黍子播种量主要是根据土壤肥力、品种、种子发芽率、播前

整地质量、播种方式及地下害虫为害程度等来确定的。如种子发芽率高、种子质量好、土壤墒情好、整地质量好、地下害虫少，播种量可以少些，亩播量可以控制在 0.8kg 左右。如果土壤黏重，或春旱严重，每亩播量应不少于 1.2kg。

6. 合理密植

灌溉地黍子单株生产力高，留苗密度不宜过大，根据地力条件，亩留苗以 4 万~6 万株为宜。

7. 施肥特点

灌溉地黍子产量高，吸收的营养元素也多。生产中要注意“施足基肥、巧施穗肥”。基肥以有机肥为主、化肥为辅，并在拔节至抽穗期配合灌溉追施速效氮肥，以保证黍子生长后期对养分的需求。但氮肥要适量，以免贪青晚熟，甚至引起倒伏，造成减产。

8. 灌　溉

（1）播前储水灌溉。分为秋灌和春灌，秋灌主要在秋作物收获后进行，之后再进行秋深耕并耙耱保墒。春灌则是在春天播种前进行，但应在播种半月前进行。灌水后应及时整地保墒，防止返盐，保证适时播种。一般认为秋灌优于春灌，洪水灌溉优于清水灌溉。灌水定额视土质而定，一般每亩为 90~120m^3。

（2）生育期灌溉。生育期灌水需根据天气、土壤墒情和黍子长势灵活掌握灌水时期、次数和水量。在播前进行储水灌溉后，在湿润年份中，熟黍子全生育期只需在孕穗期灌 1 次；一般年份可在拔节期和开花期各灌 1 次；干旱年份可在分蘖盛期、孕穗初期、灌浆期各灌 1 次。灌水指标是土壤相对含水量的 50%。在底肥量充足的黍子地，可适当增加灌水次数。

生育期间的 3 个灌水时期有普遍意义。拔节前后正是幼穗开始分化期，此时干旱，会影响穗的分枝数和小花数；孕穗到开花期遇旱，小花发育受影响，造成穗顶部小穗枯萎或小花发育不良，降低结实率；灌浆期干旱，增加穗基部不实小穗数和降低千粒重，减产最为严重。

八、旱地丰产栽培技术要点

1. 春季整地

机播黍子产区多在旱地种植，并且播种季节多风，降水量少，蒸发量大。而黍子因种子小，不宜深播，表土极易干燥，因此必须严格做好春季整地保墒工作才能保证黍子发芽出苗所需要的水分。

（1）顶凌耙耱。春季气温升高，土壤化冻，进入返浆期，随着气温不断升高，土壤水分沿着土壤毛细管不断蒸发丧失。因此，当地表刚化冻时就要顶凌耙耱、切断土壤表层毛细管，耙碎坷垃，弥合地表裂缝，防止水分蒸发。耙耱在冀北黍子产区春耕整地中尤为重要。河北省北方春季多风，气候干燥，土壤水分蒸发快，耕后如不及时进行耙耱，会造成严重跑墒。

（2）镇压。镇压是北方春黍子产区春季整地中的又一项重要保墒措施。镇压可以减少土壤大孔隙，增加毛细管孔隙，促进毛细管水分上升。同时还可在地面形成一层干土覆盖层，防止土壤水分蒸发，达到蓄水保墒的目的。但镇压必须在土壤水分适宜时进行，当土壤水分过多或土壤过黏时，不能进行镇压，否则会造成土壤板结。沙性大、表层又干燥的土壤也不宜镇压，以免压后不实，反而更松。

2. 品种选择

选择抗旱力强的品种是提高旱地黍子产量的前提，如冀黍一号、晋黍 5 号等。

3. 适时播种

旱地黍子的播种期是一个地区性很强的与品种特性和各地气候密切相关的栽培技术问题。黍子是一个生育期较短、分蘖（或

分枝）成穗高、但成熟很不一致的作物。播种过早，气温低，日照长，使营养体繁茂，分蘖增加，但成熟早，鸟害严重。播种过晚，则气温高，日照短，植株变矮，分蘖少，分枝成穗少，穗小粒少，产量不高。因此，在生产中须注意黍子适时播种，并注意以下几点。

（1）地温稳定在12℃以上，出苗时终霜期已过。

（2）孕穗至抽穗期应与当地雨热季节相吻合。

（3）按品种特性掌握播种期，生育期长的晚熟种一般适宜于早播；生育期短的早、中熟种可适当晚播。冀北黍子区黍子的播期为5月上旬至6月中旬，干旱年份有时延迟到7月上旬。

冀北“十年九春旱”，播种时若严重缺墒，可采取以下抗旱播种技术。

（1）抢墒早播。河北省北方黍子生产区春旱严重。春季随着气温的逐渐升高，土壤水分蒸发加快，耕层土壤水分含量尤其是表层土壤水分迅速下降，并逐步降到黍子播种时墒情处于临界水分线以下。所以，应根据当地土壤墒情特点，在土壤墒情适宜、温度又基本能满足发芽出苗需要的时候，抢墒早播，确保黍子全苗。尤其是在无霜期比较短的地区，抢墒早播更是争取黍子充分生长、实现高产稳产的重要技术环节。由于地势对土壤墒情的影响不同，抢墒的顺序应该是先岗坡地后平缓地，先阳坡后阴坡。

（2）提墒播种。是通过镇压提墒把土壤深层水分引到播种层，使播种层土壤水分达到黍子种子萌发出苗所需的水分含量，达到苗全的目的。提墒播种的条件是：底层墒情较足，播种层缺墒不太严重，通过提墒就能达到出苗所需的水分。镇压提墒应注意掌握“沙土重压、黏土轻压，坷垃多时重压、坷垃少时轻压，墒情差时重压、墒情较好时轻压”等原则。

（3）搽墒播种。搽墒是在土壤严重干旱、表土无墒、底土有墒时通过各种措施将种子播在底层湿土上的播种方法的统称。主要包括东北地区的“深耙浅盖接墒播种”，甘肃中部地区的“深耧播种，留沟不耱，顺沟镇压”，山西、内蒙古（内蒙古自治区，全书简称内蒙古）等地前耧去表层干土、后耧播种覆湿土的“套耧播种”，以及先用单腿耧把种子播入底层湿土中，种子萌芽后，再将表层过厚的干土揭去的“深种揭土”等方法。

（4）补墒播种。在水源接近、土壤又特别干旱的地方可采用“补墒播种”的方法。即在普通耧上安装一水斗，出水口伸入耧腿后面，让水流入播种沟内，浸润种子，并能和下层湿土连接，以满足发芽出苗之用。此外，面积小时，亦可先开沟，然后用水壶顺沟浇水，与底墒连接，水渗后随即播种覆土镇压，亦可保证出苗。

（5）省墒播种。省墒是指浸种催芽后播种，以节省土壤水分，达到保全苗的目的。但采用此法必须注意两个问题，一是催芽不宜太长，以刚破口为宜；二是土壤墒情极差，不能人工补水的不宜采用。

（6）开沟播种。等雨或雨后抢播。在干旱严重、各种措施均难保证出苗时，可先把地整好，用犁按要求行距开沟等雨，或不开沟等雨。待降雨后，立即将种子播入沟中，或立即开沟播种，并随后覆盖湿土镇压。这样一遇小雨即可实现全苗。其中开沟等雨效果比不开沟等雨要好。

4. 合理密植

在干旱春黍子区，根据地力条件，每亩土地适宜留苗密度范围为 4 万~6 万株，在此范围内可保证个体、群体协调生长。

5. 合理施肥

（1）原则。旱地黍子施肥应掌握“基肥为主，种肥、追肥为辅”“有机肥为主，化肥为辅”和“基肥、磷钾肥早施，追施化肥掌握时机”等原则。施肥量应根据产量指标、地力基础、肥

料质量、肥料利用率、种植密度、品种和当地气候特点及栽培技术水平灵活掌握。

（2）基肥。黍子施肥应以基肥为主，基肥应以有机肥为主。用有机肥作基肥，不仅可为黍子生长发育提供所需的各种养分，同时还能改善土壤结构，促进土壤熟化，提高地力。结合深耕施用有机肥，还能促进根系发育，扩大根系吸收范围。有机肥营养元素全面，释放缓慢，肥效长，利于黍子生长。

黍子田基肥施用时期有秋施、早春施和播前施。秋施为秋作物收获后，结合秋深耕使用基肥，有促进肥料熟化分解、蓄水、培肥地力的效果。苏联的研究表明，在秋耕时每亩施入氮、磷、钾各 2～2.7kg，可增加产量 33.3kg 左右，效果十分明显；在早春土壤刚返浆时结合早春耕也可施入基肥；播前施则是结合播前土壤耕作整地施入基肥。但旱作区最好秋施基肥，干旱年份，早春施、播前施肥易造成缺苗现象，应予以注意。

（3）种肥。施用种肥是一项重要的增产措施。黍子种子较小，胚乳贮藏养分较少，特别是春播黍子苗期土壤温度低，肥料分解慢，幼根吸收能力较弱，这时如果及时供应速效肥料，对促进幼苗根系发育、培育壮苗、获得高产都有重要作用。施用适量的氮素化肥或氮、磷复合肥作种肥对于提高黍子产量有显著作用。另外，也可用优质腐熟的有机肥料，如腐熟好的粪肥、炕土，或腐熟的猪、羊、鸡粪等与种子搅拌在一起作种肥，同样有增产作用。尤其是在干旱、半干旱等不便进行追肥的地区，施好种肥对黍子高产更具特殊意义。

（4）追肥。追肥一般宜用尿素等速效氮肥。追肥时期、次数和数量因肥力基础、基肥、种肥施用数量、气候特点以及黍子长相不同而异。在基肥和种肥数量足、土壤较肥沃、气候干旱又无灌溉条件的地区，一般以拔节前后至孕穗期一次性追肥为宜，每亩追施尿素 5～7.5kg 或碳酸氢铵 15～20kg。追肥最好结合中耕进行，雨前深追后用土覆盖，以提高肥效。

（5）中耕锄草。要早中耕，后期及时拔除大草和野糜子。

（6）及时收获。防止鸟害和鼠害，及时收获，以免损失。

第二节　黍子病虫草害防治

一、黍子主要病害和草害防治

在冀北黍子产区，主要病害是黍子的黑穗病和红叶病。防治上要坚持“预防为主、综合防治”的方针，采用抗病品种为主，以栽培防治为重点，物理、化学防治有机结合的综合防治措施。

（一）黍子黑穗病

1. 病原和症状

病原是黑穗病菌。病株上部叶片短小，直立向上，分枝增多。一般全株发病，偶尔也有基部分枝照常抽穗的现象。病穗成一菌瘤，外面包白色或灰黄色膜，较厚，里面充满黑粉。膜破后散出黑粉，残留黑色丝状残余组织。

2. 防治方法

（1）选用抗病良种。选用抗黑穗病的优良品种是防治黍子黑穗病最好的方法之一。

（2）选用无病种子。从无病田间选留黍子种子，单收、单打、单藏；对带菌种子用清水反复冲洗，对防治黍子黑穗病都有一定作用。

（3）种子处理。

①药剂拌种：常用的有50%多菌灵可湿性粉剂、70%甲基托布津可湿性粉剂，用种子量的0.5%拌种。20%的拌种灵及20%福美双的复配剂“拌种双”，属低毒类内吸杀菌剂，无不良气味，对碱较稳定，pH值7.0，细度240目，效果更好。

②福尔马林浸种：用福尔马林（甲醛）1∶50的稀释液浸种2小时，晾干后播种。田间检查发病株率为1.03%，防病效果达86.4%。

③开水炸种：用热冷水（8∶1）混合，温度为73℃，立即倒入种子，3分钟后捞出（温度为65℃），晾干后播种。田间检查发病株率为0.65%，防病效果达91.45%。

④温汤浸种：用55℃温水浸种10分钟，晾干后播种。田间检查发病株率为1.75%，防病效果为55.7%。

（4）轮作及合理施肥。对以土壤基肥传病为主的黑穗病，除用种子处理外最好的方法是轮作倒茬，能防治因土壤和肥料中病菌传播黑穗病；一般3~4年轮作1次，可以减轻病害发生。在播种时尽量使用无菌土肥，对未经消毒带菌基肥，应避免种子与土肥接触。

（5）适期播种，提高播种质量。适时播种，使种子在土壤中迅速发芽出土，健壮生长，减少病菌侵染的机会，同样可起到防病效果。所以，在适时播种的条件下应尽量提高播种质量，保证出苗整齐、生长一致，也是防治黑穗病的重要措施。

（6）拔除病株。在黑穗病的黑粉散落之前，及时拔除病株并销毁，可减轻来年发病。

（二）黍子红叶病

1. 病原和症状

病原为红叶病病毒。黍子红叶病的症状因品种和感病时间的迟早而不同。紫秆品种只是叶尖变红，逐渐蔓延，使整个叶片变红。叶片的变色，一般是叶面先变红，叶背经过较长时间才变红。苗期发病，基部叶片先变红；抽穗期发病，则是上部叶片先变红；灌浆至乳熟期发病，颖和刺毛变红，但籽粒颜色不变。感病严重时，叶片呈深紫色，叶缘和叶脉的颜色较深。除变色外，病株有时还会出现有如植株矮化、叶面皱褶、叶缘波纹状、顶叶簇生、节间缩短、穗粒空秕、直立不下垂等各种畸形现象；植株感病愈早，发病愈严重。黄秆品种感病后，茎秆颜色没有明显变化；节间也有缩短现象，整株表现矮化，但不严重。叶片和花序呈微黄色或浅土黄色。

2. 防治方法

（1）选用抗病、耐病品种是控制红叶病发生的既经济又有效的措施。

（2）加强田间管理，苗期适时追施肥料，合理灌溉，及时排水，培育壮苗，保证黍子植株正常发育，能提高抗病能力。

（3）清除田边杂草，早期防治蚜虫。杂草是蚜虫的栖息和繁殖场所，又是红叶病病毒的越冬场所，杂草多的地块，黍子红叶病发生也重，所以及时清除杂草是控制红叶病的重要措施之一。蚜虫的传毒能力特别强，早期防治尤为重要，用蚜克西（10%吡虫啉可湿性粉剂）1 500 倍液防治蚜虫效果较好。

（三）黍子草害的防治

野黍子是黍子的野生类型，冀北各县区都有，尤以坝上及坝头地区较重。

1. 形态特征

与黍子同种。成熟较当地主体品种较早，籽粒随熟随落地，成熟期拖得较长。种子颜色以黑灰色为主，籽粒较小，千粒重小于 5g。苗期生长势强，抗旱性强，适应性广。秸秆较细，叶色较深。一般情况下，当年种子只有部分发芽。

2. 为害特点

野黍子不仅抢夺黍子的水分、养分和光照，而且比其他杂草危害更严重。野黍子籽粒较小，碾米时野黍籽一般不能去壳，影响米的品质。更危险的是野黍子还易和栽培黍子自然杂交，造成良种混杂退化。野黍子的形态与黍子相同，间苗、定苗不易区分，常在留苗时留下大量野黍子而造成减产。

3. 防治措施

（1）轮作倒茬。轮作倒茬是消灭野黍子的主要措施。换种其他作物后，野黍子易区分，在中耕锄草时易除掉。由于野黍子种子发芽不整齐，能在土壤中保留很长时间，所以轮作倒茬，一般以两年为好。

（2）适时播种。春耕后最好等野黍子发芽后或出苗后再播种，这样可以将行内大部分野黍子消灭掉。同时，野黍子长得比黍子大，易区别去除。

（3）田间去杂。抽穗灌浆期，野黍子第一批种子成熟前，在田间拔除，并及时带出地块，集中毁灭，不能丢在地里。

二、黍子主要虫害防治

黍子的虫害有记载的有50余种，常见的20余种，多数是禾谷类的共同害虫。在黍子产区普遍为害的是地下害虫，常造成缺苗断垄，严重时甚至毁种。

为害黍子的地下害虫主要有蝼蛄、蛴螬、金针虫、地老虎等，采取以农业防治为基础，结合药物、物理防治的综合防治措施。

1. 农业防治

（1）深秋耕，实行3年以上轮作倒茬制度。

（2）冬春彻底刨烧根茬，及时处理秸秆、杂草，消灭秸秆、根茬中越冬的害虫。

（3）使用腐熟的有机肥。

（4）播后覆土不要过厚，利于黍苗早出苗。

2. 药物防治

（1）药剂拌种用种子重量0.2%的50%辛硫磷乳油拌种，可防治蝼蛄，同时兼治其他地下害虫。

（2）药剂土壤处理蛴螬每亩用50%辛硫磷乳油200~250mL，

加10倍水，喷在25～30kg细干土上拌匀成毒土，撒于地面，随即翻耕，或混入厩肥中施用，也可结合灌水施入。也可每亩用3%毒死蜱颗粒剂3～4kg或5%毒死蜱颗粒剂2kg、5%辛硫磷颗粒剂3kg、5%地亚农颗粒剂3kg，拌细土30kg，均匀撒施于地表，兼治金针虫和蝼蛄。地老虎每亩用50%辛硫磷乳油500mL，加水适量，喷拌在150kg细干土上撒施，可有效兼治蛴螬、金针虫等地下害虫。金针虫每亩用3%毒死蜱颗粒剂3～4kg或5%毒死蜱颗粒剂2kg，混细干土50kg，均匀撒施于地表，再深耙20cm后播种。

（3）药剂喷雾。蛴螬喷雾防治成虫可选用80%敌百虫可溶性粉剂1 000倍液，或农翔（25%喹硫磷乳油）、或50%辛硫磷乳油、48%毒死蜱乳油1 000倍液。在苗期黑绒金龟甲为害时，及时采取连片、联防措施加以防治。地老虎1～3龄幼虫抗药性差，且暴露在寄主植物或地面上，是药剂防治的最佳时期，可喷洒48%毒死蜱乳油1 000倍液，或封功（15%高效氯氟氰菊酯微乳剂）2 500倍液、50%辛硫磷·高氯乳油800～1 000倍液。

3. 物理防治

（1）黑光灯诱杀。有条件的地方可以安置黑光灯诱杀蝼蛄等害虫。

（2）糖醋诱杀。在田间放置糖醋毒液诱杀成虫。糖醋毒液配方为：红糖3份、酒1份、醋4份，再加2份水，然后再加毒液总量25%的其他杀虫药剂制成，每0.2～0.33公顷放置一盆。

（3）马粪诱杀。在蝼蛄、地老虎为害重的地块，挖若干个35cm见方的土坑，坑内埋入新鲜的马粪，过1～2天用铁锨迅速翻出，打死聚集在马粪中的害虫。

第三章　高粱优质高产栽培技术

第一节　高粱栽培技术

一、种子准备

（一）良种选择的原则

1. 根据生育期选用良种

良种的生育期必须适合当地的气候条件，既能在霜前安全成熟，又不宜太短，以充分利用生长季节，提高产量。

2. 根据土壤、肥水条件选用良种

肥水条件充足的地块，宜选用耐肥水、抗倒伏，增产潜力大的高产品种。反之，贫瘠干旱地块，宜选抗旱耐瘠，适应性强的品种。

3. 根据用途选用良种

如食用、饲用、酿酒用等，分别选用专用高粱品种。如用于酿酒可选晋杂 23 等。

（二）优质种子

所选用品种的种子质量要达到二级以上，纯度不低于 95%，净度不低于 98%，含水量不高于 13%。

最好用包衣种子。采用种子包衣技术进行种子处理，将微肥、农药、激素等通过包衣剂包裹在种子上，可起到保苗、壮苗和防治病虫害的作用。

二、土壤准备

（一）高粱生长发育对土壤的要求

高粱对土壤的适应性较强，但喜土层深厚、肥沃、有机质丰富的壤土。其最适 pH 值为 6.2~8.0，故有一定的耐盐碱能力。耐盐碱能力低于向日葵、甜菜，但高于玉米、小麦、谷子和大豆。

（二）轮作倒茬

高粱不能重茬。一是因为高粱吸肥能力强，消耗土壤养分多，特别是土壤中的氮素养分消耗多，导致土壤肥力下降；二是病虫害严重，尤其黑穗病严重。几种黑穗病的发生使土壤中的病原孢子增多，容易侵染种子而使高粱发病，故须轮作倒茬。高粱对前茬要求不太严格，如大豆、棉花、小麦都可以是高粱的良好前茬。

三、肥料准备

（一）高粱的需肥规律

高粱是需肥较多的作物，在整个生育过程中需要吸收大量的养分。施肥应考虑高粱不同生育时期对养分的需要，还要结合当地具体条件，做到经济合理施肥。高粱对氮、磷、钾的需求比例为 1∶0.52∶1.37。高粱在不同生育时期，吸收氮、磷、钾的速度和数量是不同的，一般苗期生长缓慢，需要养分较少，苗期吸收的氮为全生育期的 12.4%、磷为 6.5%、钾为 7.5%。拔节至抽穗开花，茎叶生长加快，吸收营养急剧增加，吸收的氮为全生育期的 62.5%、磷为 52.9%、钾为 65.4%，该阶段是需肥的关键期。开花至成熟，植株吸收养分的速度和数量逐渐减少，吸收的氮为全生育期的 25.1%、磷为 40.6%、钾为 27.1%。

(二) 施　肥

1. 基　肥

高粱有耐瘠性，但如基肥充足，可使高粱生长健壮，产量高，故须在秋深耕时施入基肥，或结合播前整地施足基肥，保证苗齐、苗全、苗壮。基肥数量大时，在耕翻前撒施；数量小时条施。基肥结合秋深耕施用较春施效果好，因为肥料腐熟分解时间长，利于肥土相融，促进养分转化，并可避免春季施肥跑墒。基肥一般以农家肥为主，化肥为辅。

2. 种　肥

种肥用量不宜过多，避免局部土壤浓度过大，影响种子发芽。种肥施用时要注意种、肥隔离。

四、播种时期

适期播种是保证一次播种保全苗，争取高产丰收的重要技术环节。高粱的播种期主要受温度、水分、品种的影响。高粱播种过早对保苗、壮苗都不利。高粱发芽的最低温度为7～8℃，当5cm地温稳定在10～12℃、土壤含水量达最大持水量的60%～70%时开始播种较适宜，与此同时还要根据土壤墒情具体安排，做到“低温多湿看温度，干旱无雨抢墒情”。另外，播种时期还应根据品种、土质等条件而定。如晚熟品种应适时早播，早熟品种应适时晚播。

五、播种方法

1. 播种方法

高粱的播种方法有两种：首先是等行距条播，行距一般为50～60cm；其次是大垄双行种植。

2. 提高播种质量

高质量的播种要求播量适宜，下种均匀，播行齐直，播深合适。其中播种深浅影响最大。播种过深，根茎生长消耗种子营养多，幼苗细弱，生长缓慢；播种过浅，易使种子落干，出苗不齐不全。

播种量应根据品种、留苗密度、种子质量、播期和播种方法等而定。一般出苗与留苗数之比为5∶1较为适当。

播后要及时镇压保墒，压碎土块，减少大孔隙，使种子与土壤密接，促进种子吸水发芽。

六、苗期管理

1. 破除板结

出苗前，如田面因雨形成板结影响出苗，可用轻型钉齿耙破除板结，耙地深度以不超过播种深度为限，以免土壤干燥影响发芽。

2. 间苗、定苗

一般3叶间苗，4叶定苗，如病虫害严重时，5叶定苗。

3. 中　耕

中耕是促根壮苗的有效措施，一般在拔节前进行两次。第一次结合定苗浅锄5~7cm，防止埋苗；第二次在拔节前深锄13~17cm，切断浅土层中的分根，促使新根大量发生，并向下深扎，增强吸收力，使植株矮壮敦实，叶肥色浓。对于秆高易倒伏的杂交高粱，可在拔节前多进行深中耕，控制生长。

4. 蹲　苗

作用是适当控制苗期地上部生长，促进根系发育，培育壮苗，防止后期倒伏。

方法是在地肥墒足，叶绿苗壮的前提下不追肥浇水，只进行中耕，控制地上茎叶徒长。

蹲苗一般从定苗开始到拔节前结束，经历15~20天。

七、拔节孕穗期管理

1. 重追拔节肥

拔节至抽穗是高粱需肥最多，发挥作用最大的时期，追施速效氮肥可获得增产效果。高粱追肥采用前重后轻的原则，一般拔节期，即7~8个展叶时施肥2/3以攻穗；孕穗期，即13~14片叶时施肥1/3以攻粒。

2. 适时浇水

高粱虽有抗旱能力，但拔节后，气温高生长快，蒸腾作用旺盛，抗旱能力减弱，同时地面水分蒸发量也增大。因此拔节孕穗期，应在追肥后根据降雨情况，适时浇水，使土壤水分保持田间最大持水量的60%~70%。

3. 中耕培土

拔节孕穗期追肥浇水后，应及时进行中耕。一般在拔节、孕穗期各进行一次，深7cm左右，并进行培土，对拔节过猛的，在拔节期追肥浇水后深中耕10~13cm，控制茎秆生长，防止后期倒伏。

八、抽穗结实期管理

1. 浇灌浆水

开花灌浆期高粱仍需足够的水分，此期土壤水分宜保持最大持水量的50%~60%，如遇干旱，还须适量灌水，以防叶旱枯。

2. 看苗追肥

高粱抽穗以后，如有上部叶片颜色变淡，下部黄叶增多，出现脱肥的田块，可酌施少量攻粒肥，但肥量不宜过多，防止贪青晚熟，也可根外喷1%尿素水，有防早衰增粒的作用。

3. 浅　锄

在无霜期短的地区，高粱成熟期常出现低温，造成贪青晚熟，以致遭受霜害，或因低温诱发炭疽病而减产。因此，在乳熟期浅中耕，既可提高地温，促进成熟，使籽粒饱满，又能清除田间杂草，多纳秋雨，为后茬作物的播种创造良好条件。

4. 适当使用生长调节剂

对高粱起促熟增产作用的植物激素主要有乙烯利、石油助长剂、三十烷醇等。

第二节　高粱病虫害防治

一、高粱主要病害防治

（一）高粱黑穗病

高粱黑穗病是多发病害，减产幅度通常在3%~10%，发病较重的可达80%，是高粱生产上重点防治的病害，包括丝黑穗病、散黑穗病、坚黑穗病。

1. 发病条件

土壤温度及含水量与发病密切相关。土温28℃、土壤含水量15%发病率高。春播时，土壤温度偏低或覆土过厚，幼苗出土缓慢易发病。连作地发病重。

2. 传播途径

种子和土壤带菌传播。坚黑穗病和散黑穗病以种子传播为主，丝黑穗病主要是土壤传播。

3. 发生部位

穗部。

4. 症状表现

生育前期受丝黑穗病菌严重侵染时，于叶部生有大小不等的红色菌瘤，瘤内充满黑粉。受害的高粱植株一般比较矮小，高粱穗比正常的高粱细。个别主穗不孕，分枝产生病穗；或者分枝和

侧生小穗为病穗。

散黑穗病一般为全穗受害，但穗形正常，籽粒变成长圆形小灰包，成熟后破裂，散出里面的黑色粉末。

坚黑穗病全穗籽粒都变成卵形的灰包，外膜坚硬，不破裂或仅顶端稍裂开，内部充满黑粉。

5. 防治方法

（1）因地制宜地选用抗病良种。

（2）实行3年以上轮作，以减少土中菌量，这是防治黑穗病的重要措施。

（3）适时播种，拔除田间病株，深埋烧毁秸秆等。

（4）药剂拌种。每100kg种子混合25%粉锈宁可湿性粉剂0.4kg，或50%多菌灵可湿性粉剂0.7kg，或40%拌种双可湿性粉剂0.21kg，加适量水后拌种。拌种要均匀，拌后一般堆闷4小时，阴干后即可播种。

（二）高粱立枯病

1. 发生条件

5月和6月多雨的地区或年份易发病，低洼排水不良的田块发病重。

2. 传播途径

以菌丝体或菌核在土壤中越冬，是土传病害。

3. 发病部位

幼苗、根部。也为害玉米、大豆、甜菜、陆稻等多种作物的幼苗或成株，引致立枯病或根腐病。

4. 症状

多发生在2～3叶期，病苗根部红褐色，生长缓慢。病情严重时，幼苗枯萎死亡。

5. 防治方法

（1）实行大面积轮作。

（2）采用高垄或高畦栽培，避免大水漫灌和雨后积水，苗期注意松土，增加土壤通透性。

（3）适期播种，不宜过早。

（4）提倡采用地膜覆盖和种衣剂包衣。

（5）药剂防治。发病初期选用50%甲基硫菌灵（甲基托布津）可湿性粉剂500倍液，或50%多菌灵可湿性粉剂500倍液，或3.2%恶霉甲霜灵水剂300~400倍液，或95%绿亨1号（恶霉灵）精品4 000倍液喷洒或浇灌，也可配成药土撒在茎基部。

（三）高粱炭疽病

高粱炭疽病为高粱主要病害之一，高粱各产区都有发生。

1. 发病条件

多雨年份或低洼高湿田块普遍发生，拔节孕穗期气温偏低，降水量偏多流行为害。高粱品种间发病差异明显。

2. 传播途径

病菌随种子或病残体越冬。翌年田间发病后，苗期发病可造成死苗。成株期发病病斑上产生大量分生孢子，借气流传播，进行多次再侵染。

3. 发生部位

幼苗到成株，同时为害小麦、燕麦、玉米等作物。

4. 症状

叶片染病病斑呈梭形，中间红褐色，边缘紫红色；叶鞘染病病斑较大呈椭圆形，后期密生小黑点；侵染幼嫩的穗颈，形成较大的病斑，易造成病穗倒折。严重时为害穗轴和枝梗或茎秆，造成腐败。

5. 防治方法

（1）选用抗病品种，是防病的根本。

（2）收获后及时深翻，把病残体翻入土壤深层，以减少初侵染源。

（3）实行大面积轮作，增施充分腐熟的有机肥，在第三次中耕除草时追施硝酸铵等，防止后期脱肥，增强抗病力。

（4）药剂拌种。用种子重量0.5%的50%福美双粉剂或50%拌种双粉剂或50%多菌灵可湿性粉剂拌种，可防治苗期炭疽病发生。

（5）在病害流行年份或个别感病田，从孕穗期开始喷洒50%氯溴异氰尿酸（消菌灵）可溶性粉剂1 000倍液，或36%甲基硫菌灵悬浮剂600倍液，或50%多菌灵可湿性粉剂800倍液，或50%苯菌灵可湿性粉剂1 500倍液，或25%炭特灵可湿性粉剂500倍液防治。

二、高粱主要虫害防治

（一）高粱蚜虫

蚜虫是为害高粱的主要虫害，有高粱蚜、麦二叉蚜、麦长管蚜、玉米蚜、禾谷缢管蚜、榆四条蚜，其中为害严重的是高粱蚜。

1. 发生特点

高粱蚜以卵在荻草上越冬，当6月高粱出苗后，迁入高粱田繁殖为害，苗期呈点片发生。7月高温多湿的天气，高粱蚜为害较大。

2. 为害部位

叶片背面。

3. 为害症状

成虫和若虫聚集在高粱叶背面，刺吸汁液，由下部叶片逐渐蔓延到茎和上部叶片，分泌出大量蜜露，影响植株光合作用的正常进行，轻的使叶片变红，重的导致叶枯、穗粒不实或不能抽穗，造成严重减产或绝收。

4. 防治方法

（1）高粱与大豆 6∶2 间作，可明显减少高粱蚜发生及为害。

（2）早期消灭中心蚜株，方法可轻剪有蚜底叶，带出田外销毁。

（3）药剂防治。① 每亩用 40%乐果乳油 50g，对等量水均匀拌入 10~13kg 细沙土内，配制成乐果毒土，在抽穗前扬撒在高粱株上。或用 40%乐果乳剂，对水 50~80 倍药液涂茎；② 可喷 0.5%乐果粉剂 2 000 倍液或 50%辟蚜雾可湿性粉剂 6~8g，对水 50~100kg 喷雾。

杂交高粱茎秆含糖量高，在干旱高温时，易发生蚜虫为害，应在成熟前一个月用 45%的乐果乳油 50mL 对水 40kg 喷洒防治，以免药剂残留。或用菊酯类农药稀释喷射叶背面。

（二）黏　虫

又名粟夜盗虫、剃枝虫，行军虫等，是农作物的主要害虫。

1. 发生特点

黏虫是一种比较喜潮湿而怕高温和干旱的害虫，黏虫产卵最适温度一般为 19~22℃，适宜的田间相对湿度是 75%以上，所以温暖高湿、禾本科植物丰富有利于黏虫发生；水肥条件好、长势茂密的田块虫害重；干旱或连续阴雨不利其发生。

黏虫以成虫不吃植物叶片，不对农作物造成为害，成虫只负责交配、产卵，繁殖后代。幼虫为害，主要发生于 5—6 月高粱苗期。小麦等收获后，很快转移到套种的玉米或高粱田及麦田附近的杂粮上。幼虫多在早晚活动，具有群聚性、迁飞性、杂食性和暴食性的特点。成虫昼伏夜出，对糖醋液和黑光灯有较强趋性，产卵具有趋枯性。

2. 为害部位

高粱叶、茎、穗。

3. 为害症状

4~6 龄幼虫进入暴食时期，将高粱叶片、茎秆全部食光，只剩下叶脉，造成严重减产。

4. 防治方法

（1）诱杀成虫。用糖醋盆、杨树草把、黑光灯，降低虫口。

（2）药剂防治。主要是掌握好施药时间，在黏虫 2~3 龄幼虫时选用菊酯类农药叶面喷雾，每亩用 2.5%敌杀死、2.5%功夫乳油或 4.5%高效氯氰菊酯 20~30mL 对水 30kg 均匀喷在高粱上；或在收获前 15 天用 20%杀虫畏乳油 500~1 000 倍液或 5%杀虫畏粉剂，每亩 2kg；收获前 20~30 天用 50%久效磷乳油 2 000 倍液喷防，每亩 1~1.5kg。有条件的可选用 48%毒死蜱乳油，每亩 30~60mL 对水 20~40kg 喷雾或 30~40mL 对水 400mL 进行超低量喷雾，对该虫有特效，一个生育期用药 1 次即可奏效。

（三）地下害虫的防治

1. 为害特征

高粱幼苗易被地老虎、蝼蛄、蛴螬和金针虫等为害，常吃掉种子，为害幼苗的根、茎，造成缺苗断垄，严重的犁去再种，仍不能全苗。

2. 防治方法

（1）拌种。每 100kg 种子可用 20%甲基异柳磷乳油 250mL 对水 10L，拌种后堆闷 4 小时以上，晾干后播种。

（2）毒饵。用麦麸、秕谷、棉饼炒熟，也可用鲜草，按 1kg 3911 拌饵料 200kg，加水适量，充分拌匀后，于傍晚撒于地表，每亩施用量 2.5~3.5kg。防治蝼蛄、蛴螬，效果较好。

第四章　荞麦优质高产栽培技术

第一节　荞麦栽培技术

一、轮作与耕作

（一）轮作、间作与套种

1. 轮　作

我国荞麦轮作制度有很大差别。一般荞麦是在春旱严重、主作物播种失时或前茬作物受灾后补种。西北、东北及华北高海拔冷凉地区，荞麦多与裸燕麦、马铃薯轮作，华北地区荞麦常作为冬小麦或马铃薯的后作，一年两作或两年三作。南方低海拔地区大多在春作物之后，利用一段短期的生长季节种荞麦，实现一年三作。亚热带地区由于冬季温暖，在晚稻或晚秋作物之后种植冬荞麦。

茬口与荞麦产量和质量直接相关。荞麦在轮作时好的前茬有豆科作物和薯类作物。荞麦理想的前茬是豆科作物。

2. 间　作

荞麦是适于间作的理想作物。间作形式因种植方式和栽培作物而不同。在陕北，春小麦收获后在原埂内复种糜子，待其出苗后又在田埂上播种荞麦，充分利用田埂获得一定荞麦产量。也有利用马铃薯行间空隙播种荞麦的。

3. 套　种

在生育期较长的低纬度地区，多用甜荞麦与玉米、马铃薯套

种，也有与烤烟、玉米套种的。

（二）耕　作

荞麦对土壤的适应性较强，对酸性土壤具有较强的忍耐力，一般在酸性土壤上种植荞麦能获得较高的产量。荞麦喜湿润，但忌过湿与积水。一般来讲，土壤耕作有利于农作物的根腐烂，并使其转化为有机质，也能为荞麦生长发育创造有利的水分、温度和营养状况。

土壤耕作包括基本耕作和播种前耕作。土壤基本耕作是前茬作物收获后第一次深耕（20~25cm）。深耕又分为春深耕、伏深耕和秋冬深耕，其中以伏深耕效果最好。深耕能熟化土壤，提高土壤肥力。既利于蓄水保墒和防止土壤水分蒸发，又利于荞麦发芽出苗、生长发育。

当荞麦作为复种或补种作物时，由于时间紧迫，整地质量较差，影响荞麦的产量，必须进行播种前耕作。在播种前耕耙灭茬，消灭坷垃，保持土壤水分，消灭田间杂草，适时早播，以保证荞麦苗全、苗壮，根系发育良好。

二、施　肥

（一）基肥（底肥）

荞麦播种之前，结合耕作整地施入土壤深层的基础肥料。一般为有机肥，也可配合施用无机肥。常用有机肥为粪肥、厩肥和土杂肥，一般每公顷施 7 500~11 250 kg。常用作基肥的无机肥有过磷酸钙、钙镁磷肥、磷酸二铵、硝酸铵、尿素和硫酸氢铵等，施用量过磷酸钙 300~450kg/hm^2，尿素 45~75kg/hm^2。基肥可秋施、早春施和播前施。

（二）种　肥

在播种时将肥料施于种子周围，包括播前以肥滚籽，播种时溜肥及种子包衣等。传统的种肥有粪肥（如羊粪、鸡粪、人粪尿等）、草木灰、炕灰等，也有用无机肥料作种肥的，如过磷酸钙、钙镁磷肥、磷酸二铵、硝酸铵和尿素等。种肥用量因地而异，一般用量为每公顷尿素45~75kg，或磷酸二铵60~90kg，或过磷酸钙225kg。

（三）追　肥

荞麦在现蕾开花后需要大量的营养元素，此时给土壤补充一定数量的营养元素，对荞麦生长发育、形成高产具有重要作用。追肥一般用尿素等速效氮肥，每公顷施75kg左右为宜。施用时期在荞麦开花期为最佳。

三、播　种

（一）播前准备

播种前种子处理主要有晒种、选种、浸种和药剂拌种几种方法。

1. 晒　种

晒种能提高种子的发芽势和发芽率，改善种皮的透气性和透水性，提高酶的活力，增强种子的生活力和发芽力。晒种时间一般选择在播种前7~10天晴朗天气。

2. 浸种（闷种）

温汤浸种是提高种子发芽力的有效措施之一。用35℃温水浸15分钟或用40℃温水浸种10分钟，或用5%~19%的草木灰浸液浸种，均能获得良好的效果。也可用其他微量元素溶液如钼酸铵（0.005%）、高锰酸钾（0.1%）、硼砂（0.03%）浸种，促进荞麦幼苗生长和提高产量。经过浸种的种子要在地上晾干。

3. 药剂拌种

药剂拌种是防治荞麦地下害虫和病害极其有效的措施。一般在晒种和选种之后进行。

（二）播种时期

荞麦在我国一年四季均有种植。春播、夏播、秋播和冬播，俗称春荞、夏荞、秋荞和冬荞，各地均有最适宜的播种期。北方春荞麦区适宜播期一般为5月下旬至6月上旬，夏荞麦区一般适宜播期为7月中下旬至8月上中旬。南方秋、冬荞麦区由于气候复杂，播期时间差别很大。四川凉山低海拔地区在7月播种，云南、贵州秋荞（海拔1 700 m以下地区）一般在8月上中旬播种，湖南湘西、浙江金华、江苏沿海等地秋荞一般在8月下旬至9月上旬播种，云南西南部平坝地区，广西、广东、海南一些地区则种冬荞，一般在10月下旬至11月上旬播种。西南春秋荞麦区海拔2 000 m以上的高寒山区，春播苦荞一般在4月中下旬至5月上旬，海拔高度不同，播期也有所不同。

（三）播种方法

1. 条　播

北方春荞麦区大部分地区采用此方式，主要是畜力牵引的耧播和犁播。犁播是犁开沟，手溜籽。条播优点是深浅一致，落籽均匀，出苗整齐。

2. 点　播

主要是犁开沟，人抓粪籽。播前把有机肥过筛成细粪，与荞籽拌匀，按一定穴距抓放。其实质是条播与穴播结合、粪籽结合的一种方式。一般犁距26～33cm，穴距33～40cm，10～15粒/穴。

3. 撒　播

西南春秋荞麦区广泛使用。一般是畜力牵引犁开沟，人顺犁沟撒种子。也有先耕地，随后撒种子，再进行耙耱。

（四）播种量

荞麦播种量一般根据品种、种子发芽率、播种方式和群体密度来确定，甜荞37. 5～52. 5kg/hm^2，苦荞45～60kg/hm^2。

（五）播种深度

荞麦属双子叶植物，播种不宜太深。其深度的确定，一要看土壤水分，水分充足时浅播。二要看播种季节，春荞宜深播，夏荞宜浅播。三要看土质，沙质土、旱地可适当深播，黏土要浅播。一般播种深度4~6cm。

四、合理密植

合理密植是实现荞麦合理群体结构的基础。根据影响荞麦群体结构的主要因素来确定适宜的密度，使群体与个体矛盾趋于统一，以获得最大荞麦产量。

1. 北方春荞麦区和北方夏荞麦区

根据试验结果，一般甜荞留苗密度以75万~90万/hm^2为宜，低于或高于此密度，不利于形成合理的群体结构。

2. 南方秋、冬荞麦区

主要是插空填闲种植，在耕作和管理上比较粗放，多为撒播或点播。一般甜荞每公顷成苗105万~135万株，最低时75万~105万株（浙江），最高时亩150万~180万株（云南）。

3. 西南地区春、秋荞麦区

以苦荞生产为主。在中等肥力条件下，苦荞每公顷留苗150万~225万株为宜。

五、田间管理

（一）确保全苗

在北方，荞麦播种后时常遇干旱。要及时镇压，破碎土坷垃，减少土壤空隙，增强土壤水分，促进种子发芽和幼苗生长发育，深扎根，早出苗，出全苗，出壮苗。

荞麦出苗前，最怕土表板结，尤其雨后，大雨淤泥，地表板结，需疏松表土，幼苗才能出土。荞麦田只要不板结，就容

易保全苗、壮苗。因此，荞麦播种后，要注意雨后破除地表板结。

荞麦喜湿不喜水，水分过多对生长不利，特别是苗期。因此，在低洼地、陡坡地，播种后要做好田间排水。

（二）中耕除草

适时中耕可以破除土壤板结，疏松土壤，增加土壤通透性，蓄水保墒，提高土壤温度，对荞麦生长发育十分有利。在杂草严重地区，中耕更是必不可少的一项管理措施。

中耕除草次数和时间根据地区、土壤、苗情及杂草多少而定。春荞一般 2~3 次，夏、秋荞 1~2 次。第一次中耕除草时间要尽量提早，最后一次中耕要在封垄前进行。北方夏荞麦区和南方秋冬荞麦区，荞麦出苗后处于高温多雨季节，田间杂草生长较快，中耕以除草为目的，在封垄前结合培土进行最后一次，深度一般为 3~5cm。

在中耕除草的同时要注意疏苗、间苗和培土，有利于促进荞麦根系生长，减轻后期倒伏，提高根系吸收能力和抗旱能力，具有提高荞麦产量的作用。

（三）酌情灌溉

荞麦是抗旱能力较弱，需水较多的喜湿作物。尤其在开花结实阶段，需要较充足的水分供应。我国春荞麦多种植在旱地，缺乏灌溉条件。荞麦生长发育依赖自然降水。夏荞麦区在生长季节除了利用自然降水外，有灌溉条件的地区如遇干旱，可在荞麦开花灌浆期灌水，以满足其生长需水要求，提高产量。灌水时要轻灌，防止积水。

（四）辅助授粉（甜荞）

甜荞属异花授粉作物。花为两性花，结实率非常低。要提高荞麦结实率，最好的方法是辅助授粉。辅助授粉分有蜜蜂辅助授粉和人工辅助授粉。

蜜蜂辅助授粉是在荞麦开花前 2～3 天在田里养蜂放蜂（约 1 000 m^2 放 1 箱蜂）。能显著提高荞麦结实率、株粒数、粒重及产量。据研究，在相同条件下昆虫传粉能使荞麦产量增加 80% 以上。

人工辅助授粉也可提高荞麦产量 1.2%～19.7%。其方法是在荞麦盛花期每隔 2～3 天，于上午 9—11 时，用一块 240～300cm 长、30cm 宽的布，两头各系一条绳子，由两人各执一端，沿荞麦顶部轻轻拉过，震动植株辅助授粉。

（五）收获与贮藏

荞麦果实成熟很不一致，但当全株有 2/3 籽粒成熟（即籽粒变褐或银灰色）、呈现品种固有颜色时，就是最适宜的收获期。收获过早，大部分籽粒尚未成熟；收获过晚，籽粒大量脱落。均会影响产量。

秋荞一般应在霜前收获，收获后宜将植株立即竖堆，或穗朝里、根向外堆码，保持 3～4 天使之后熟。若气候潮湿，荞麦不要堆垛，以防垛内发热，造成种子霉烂。

收获后晾干或晒干的荞麦植株，要尽早脱粒，安全贮存。

第二节　荞麦病虫害防治

一、荞麦主要病害防治

（一）荞麦轮纹病

1. 症　状

主要发生在荞麦叶片和茎秆。叶片上产生中间较暗的淡褐色病斑，呈圆形或近圆形，直径 2～10mm。有同心轮纹。病斑中间有黑色小点，即病原分生孢子器。荞麦茎秆被害后，病斑呈棱形、椭圆形，红褐色。植株枯死后变黑色，上有黑褐色小斑。受

害严重时，常常造成叶片早期脱落，减产严重。

2. 防治方法

（1）注意田间清洁。收获后将病残株及其枝叶收集烧毁，以减少越冬菌源。

（2）加强田间管理。采取早中耕，早疏苗，破除土壤板结等有利于植株健康生长的措施，增强植株的抗病能力。

（3）温汤浸种。先将种子在冷水中预浸数小时，再在50℃温水中浸泡5分钟，捞出后晾干播种。

（4）药剂防治。发病初期，喷洒0.50%的波尔多液或65%的代森锌600倍液及40%的多菌灵胶悬剂500~800倍液，防止病害蔓延。

（二）荞麦立枯病

1. 症　状

荞麦立枯病俗称腰折病，是荞麦苗期的主要病害，常发生于湿地。一般在出苗后15天左右发生，有时在种子萌发出土时也发病，常造成烂种、烂芽，缺苗断垄。受害的种芽变黄褐色，腐烂。荞麦幼苗易感染此病。病株茎基部出现赤褐色病斑，逐渐扩大凹陷，严重时扩展到茎的四周。幼苗萎蔫、枯死，子叶受害后出现不规则黄褐色病斑，病部破裂、穿孔、脱落，边缘残缺，常造成约20%的损失。

2. 防治方法

（1）深耕轮作。秋收后，及时清除病残体并进行深耕，可将土壤表面的病菌埋入深土层内，减少病菌侵染。合理轮作，适时播种，精耕细作，促进幼苗生长健壮，增强抗病能力。

（2）药剂拌种。用50%的多菌灵可湿性粉剂250g，拌种50kg效果较好。还可用40%的五氯硝基苯粉剂拌种或搓种，100kg种子加0.25~0.50kg药剂拌种。

（3）喷药防治。幼苗在低温多雨情况下发病较重，因此，苗期喷药也是防病的有效措施。常用的药剂有 65%代森锌可湿性粉剂 500~600 倍液，复方多菌灵胶悬剂或甲基托布津 800~1 000 倍液，都有较好的防病作用。

（三）荞麦褐斑病

1. 症　状

发生在荞麦叶片上。最初在叶面形成圆形或椭圆形病斑，直径 2.5mm，外围红褐色，有明显边缘，中间为灰色，病叶渐渐变褐色，枯死脱落。一般在花期可见到症状，开花后发病加重，严重时叶片枯死，造成较大损失。

2. 防治方法

（1）清除田间残枝落叶和带病菌的植株，减少越冬菌源。实行轮作倒茬，减少植株发病率，加强苗期管理，促进幼苗发育健壮，增强其抗病能力。

（2）药剂拌种。采用复方多菌灵胶悬剂，退菌特或五氯硝基苯，按种子重的 0.30%~0.50%进行拌种，有预防作用。

（3）喷药防治。在田间发现病株时，可采用 40%的复方多菌灵胶悬剂，75%的代森锰锌可湿性粉剂或 65%的代森锌等杀菌剂 500~800 倍液喷洒植株，喷雾要均匀周到，遇雨水冲刷时要重喷。可预防未发病的植株受侵染，并可减轻发病植株的继续扩散为害。

（四）荞麦霜霉病

1. 症　状

主要发生在荞麦叶片上。受害叶片正面可见不整齐的失绿病斑，其边缘界限很不明显。病斑背面产生淡灰白色霜状霉层。叶片从上向下发病。该菌侵染幼苗及花蕾期，以开花期的叶片为主，受害严重时叶片卷曲、枯黄、枯死，叶片脱落。

2. 防治方法

（1）收获后，清除田间的病残植株，进行深翻土地，将枯

枝落叶等带病残体翻入深土层内，减少次年的侵染源。

（2）进行轮作倒茬，加强田间苗期管理，促进植株生长健壮，提高自身的抗病能力。

（3）可用40%的五氯硝基苯或70%的敌克松粉剂进行拌种，用量为种子量的0.50%。或在植株发病初期，用800~1 000倍液的瑞毒霉，或600~800倍液的代森锌，以及700~800倍液的75%的百菌清可湿性粉剂，进行田间喷雾防治，都可收到较好的防治效果。

二、荞麦主要虫害防治

（一）钩刺蛾

1. 习　性

属专食性害虫，仅为害荞麦叶、花、果实。成虫有趋光性、趋绿色性，白天栖息在草丛中、树林里，飞翔能力不强，清晨和傍晚活动。高龄幼虫吐丝将花序附近叶片和花序卷曲，包藏在其中食花和幼嫩籽粒。

2. 防治方法

（1）秋收后及时深耕，消灭越冬蛹。

（2）发生重的地块掌握在幼虫未分散之前喷洒90%晶体敌百虫1 000倍液或用Bt杀虫剂200~300倍液、20%灭扫利乳油25~30mL，对水40~50L喷雾。由于荞麦是蜜源植物，用药时要特别慎重。

（3）成虫发生期用灯光诱杀蛾子。

（二）黏　虫

1. 习　性

一年发生多代。成虫昼伏夜出，在无风晴朗的夜晚活动较盛。幼虫在阴雨天可整天出来取食，5~6龄进入暴食期，可将作物吃成光秆。

2. 防治方法

（1）诱杀成虫。在蛾子数量开始上升时，用糖醋酒液或其他发酵有甜酸味的食物配成诱杀剂诱蛾捕蛾，每5~10亩放一盆，盆要高出作物30cm左右，诱剂在盆中保持3cm深左右，每天早晨取出蛾子，白天将盆盖好，傍晚开盖。5~7天换诱剂1次，连续诱捕16~20天。糖醋酒液的配方是糖3份、酒1份、醋4份、水2份。调匀后加少量杀虫药剂。也可用甘薯发酵液或杨树枝把诱杀成虫。

（2）诱蛾灭卵。自成虫开始产卵直到产卵末期止，田间每亩插10个谷草把，每隔3~5天更换一次，将老的带卵的谷草把堆到地边焚毁。

（3）化学防治。喷粉可用5%的马拉松粉，或2%的杀螟腈粉，每亩喷撒1.5~2.5kg。如用动力机具喷粉，每亩用粉量可减半。喷雾可用50%的辛硫磷2 000倍液进行常规喷洒（即每亩喷稀释液60kg左右）。

（三）草地螟

1. 习　性

属杂食性、暴食性害虫。一年发生三代，以幼虫和蛹越冬。幼虫有5个龄期。1龄幼虫在叶背面啃食叶肉，2~3龄幼虫群集在心叶，取食叶肉，4~5龄幼虫进入暴食期，可昼夜取食，吃光原地食物后，群集向外地转移。老熟幼虫入土作茧成蛹越冬。

2. 防治方法

可用网捕和灯光诱杀，即在成虫羽化至产卵2~12天空隙时间，采用拉网捕杀；或利用成虫趋光性、黄昏后有结群迁飞的习性，采用灯光诱杀，效果较好。

第五章　燕麦优质高产栽培技术

第一节　燕麦栽培技术

我国燕麦生长在高寒冷凉地区，为农牧交错地带，生态环境脆弱，产区多为旱作，长期以来形成了以留茬免耕、防风固沙、蓄水保墒为中心的旱地耕作制度。

一、瘠薄旱地丰产栽培技术

1. 选　地

燕麦受自然界的长期选择和进化形成了极强抗旱耐瘠性能，由于种植燕麦相对收益较低，农民一般不把燕麦安排在土壤条件较好的地块种植，给燕麦施肥也相对较少，所以种植燕麦首先要选好前茬，马铃薯、蔬菜、豆类作物是燕麦的好前作，其次选择亚麻、牧草，轮作期应在 3 年以上，主要目的是平衡营养、防杂防病。

2. 土壤养分指标

有机质含量不低于 1.3%，全氮 0.1%以上，速效氮 0.06%以上，速效磷 0.0007%以上，土壤氮磷比例在 1∶(0.1～0.39)。

3. 群体与产量结构指标

基本苗 300 万～450 万株/hm^2，茎数不低于 525 万/hm^2，穗数 300 万～375 万/hm^2。穗粒数 25～30 粒，穗铃数 15～20 个。穗粒重 0.5～0.7g，千粒重 23g 以上，产量 1 500 kg/hm^2以上。

4. 应用品种

冀张莜4号、冀张莜5号、冀张莜6号、坝莜5号。

5. 主要农艺措施指标

（1）早秋深耕、早春顶凌耙耱，耕深15~25cm；4月上旬进行耙耱镇压。要求土地平坦、上虚下实。

（2）种子处理。播前7天种子用50%甲基托布津或多菌灵以种子重量3‰的用药量拌种，防治坚黑穗病。

（3）精细选种。剔除秕瘦粒、破碎粒、病杂粒和土石块以及其他作物种子，使种子纯度达到96%以上，净度达到97%以上。

（4）晒种。选择晴朗无风天摊晒3~4天，厚度3~5cm。

（5）发芽试验。播前对种子进行发芽试验，重复2~3次，7天统计发芽率。

发芽率(%)=(供试种子发芽粒数/供试种籽粒数)×100

6. 施肥指标

以农家肥为主，可根据土壤肥力基础和肥料质量确定施肥数量，一般要求施优质农家肥37 500~52 500kg/hm^2。

一般选择磷酸二铵3~8kg作种肥，也可搭配2~3kg尿素。

7. 播　种

（1）播种时间。一般旱坡地5月25日播种，平滩地5月20日播种，二阴滩地和坝头冷凉区5月15日播种。

（2）播种量。一般旱坡地播量112.5~150.0kg/hm^2，平滩地播量150.0~187.5kg/hm^2，二阴滩地和坝头冷凉区播量187.5kg/hm^2。

（3）播种深度。4~6cm，早播的要适当深些，晚播的要适当浅些。

（4）播种方法。犁播或机播均可。要求深浅一致，撒籽均匀，覆土镇压严实。

8. 田间管理

（1）中耕锄草。二叶一心至三叶一心期进行第一次中耕，要求浅锄细锄，达到灭草不埋苗；四叶到五叶期进行第二次中耕，要求深锄拔大草。

（2）追肥。旱地莜麦主要靠自然降雨，在施足底肥的情况下一般可不进行追肥，若施肥不足，苗子出现缺肥症状时，拔节前在垄背开沟追肥，追尿素 150.0~187.5kg/hm^2。也可采取冒雨追肥，但必须坚持雨停则停，防止烧苗。

9. 防病治虫

（1）防蚜。5 月底 6 月上旬蚜虫大量发生时，用蚜克西（10%吡虫啉可湿性粉剂）1 000 倍液，或封功（15%高效氯氟氰菊酯微乳剂）3 000 倍液，或 40%乐果乳油 600 倍液喷雾，用药液 600~750kg/hm^2。

（2）黏虫。当孵化率在 80%以上，幼虫每公顷麦田达到 15 头时，用新科（2%阿维菌素乳油）2 000 倍液，或奥翔（3%甲维盐微乳剂）3 000 倍液，或 50%敌敌畏乳剂的 800~1 000 倍液喷雾。用药液 600~750kg/hm^2。

10. 收　获

当莜麦穗由绿变黄，上、中部籽粒变硬，表现出籽粒正常的大小和色泽，进入黄熟期时进行收获。

二、富肥旱地高产栽培技术

1. 选　地

应选择河湾地、暗栗钙土多雨区及其他地区的上等滩地，土壤中含全氮 0.15%、速效氮肥 80mg/kg 以上，pH 值 7~8，前茬为豆科和马铃薯的上等肥力地块。

2. 整　地

早秋深耕 20cm 以上，结合秋耕铺施农家肥 75 000 kg/hm^2以上，早春根据土壤水分和气候情况及时采取压、耙、耱、整等保墒措施。

3. 适用品种

冀张莜2号、冀张莜3号、坝莜1号、坝莜6号、花早2号。

4. 种子处理

播前进行精细选种，剔除其他作物种子以及秕瘦、破碎粒和杂物，使种子纯度达到96%，净度达到98%以上，发芽率达到90%以上。选择无风晴天晒种3~4天。播种前用多菌灵或拌种霜拌种，药量为种子重量的0.3%，以防治坚黑穗病。

5. 播　种

（1）适期播种。二阴滩地和坝头种植以5月30日至6月5日播种为宜，

（2）确定播量。莜麦夺取高产以主穗为主，一般苗数375万~450万株/hm^2、播量135~150kg/hm^2，产量3 750kg/hm^2以上。

（3）播种方法。采用犁播和机播均可。播深3~5cm，播后及时镇压。

6. 增施肥料

秋末施农家肥的地块，春季要沟施30 000 kg/hm^2优质农家肥加足量磷肥作基肥，也可播种时沟施52.5~75kg/hm^2磷酸二铵作种肥。

7. 田间管理

（1）出苗后—拔节期

① 中耕锄草：3叶1心锄第一次，做到细锄、灭草、不埋苗；5叶1心锄第二次，做到深锄（深度3.3~5cm），并拔大草培育壮苗。

② 防蚜灭病：5月下旬6月上旬是蚜虫发生期。当麦田蚜株率达到50%时，可用800倍液的溴氰菊酯或40%的乐果600倍液

喷施，喷施药液 600kg/hm^2。

③ 可在分蘖期到拔节期趁雨追肥一次，追尿素 187.5kg/hm^2，要求做到撒施均匀。

（2）拔节后—抽穗期

① 水肥管理：如有缺肥现象，可趁雨追肥一次，追尿素 150kg/hm^2。

② 防治黏虫：当麦田黏虫卵孵化率达到 80%以上，幼虫量每公顷达到 15 头时，用 50%的敌敌畏乳剂 800～1 000 倍液喷雾防治，用药液 600～750kg/hm^2。

（3）齐穗后—成熟期。根外追肥：在扬花灌浆期，可用磷酸二氢钾 1 500 kg/hm^2，加水 750～1 125 kg/hm^2，在晴天下午 5 点以后或阴天无雨时喷施，提高结实率，增加千粒重。

8. 适时收获

当莜麦穗子由绿变黄、中部籽粒变硬，表现出品种籽粒色泽时进行收获。结合收获要进行田间穗选作为来年留种。

三、水浇地高产栽培技术

适用于高产田或青体燕麦生产。

1. 地块选择与耕作

选择有水源条件的地块进行深耕，通过深耕增加土壤通透性，促进团粒结构的形成，提高土壤水分的含蓄量。因深耕后土壤良性结构不能立即形成，保水保墒还必须依靠耙、耱、磙、压等整地保墒措施来碎土、平地、保墒。作业程序一般是耕后立即耙、耱或边耕边耙、耱，冬季镇压是北方常用的保墒措施。

2. 施　肥

（1）基肥（底肥）。播种之前结合耕作整地施入土壤深层的基础肥料，一般以有机肥为主，也可以配合施用无机肥。常用的有机肥有粪肥（人畜粪尿）、厩肥和土杂肥，一般每亩施用

500～1 000 kg。

（2）种肥。在燕麦产区由于耕作粗放，有机肥用量不足，最好在播种时增施种肥，种肥以无机肥为主，主要有磷酸二铵、氮磷二元复合肥、尿素、碳酸氢铵等，一般每亩施磷酸二铵 3～5kg，搭配尿素 1～2kg 或二元、三元复合肥 4～6kg。

（3）追肥。燕麦在分蘖期、拔节期、抽穗期这三个关键时期需要大量的营养元素，在此时给土壤补充一定数量的氮素养分，对燕麦生长发育、形成高产具有重要意义。追肥一般宜用速效氮肥，如施用尿素则应提前 5～7 天，施用方式一般为结合中耕、降小雨、小水灌溉时追肥。

3. 播　种

（1）选种与晒种。要种好燕麦一定要选用籽粒饱满、整齐一致的种子，同时进行晒种，晒种一般在种子清选后进行，在播种前晴朗天气下晒 3～4 日即可播种。

（2）播种期。水浇地种植燕麦可根据生产需要确定播种期，为更好地利用夏季雨热同季的有利资源条件，提高燕麦产量，也可适时晚播。

（3）播种方法。燕麦播种方法主要采用条播，有窄行条播和宽窄行条播两种方法。主要是由畜力牵引的耧播、犁播和拖拉机牵引的机播。耧播、机播保墒效果好，行距一般为 23～25cm，还具有播种深浅一致、落籽均匀、出苗整齐一致的特点，所以建议采用机播。

（4）播种量。燕麦播种量是根据不同土壤类型、品种、种子发芽率和群体密度来确定。一般每亩播种 11～12kg 为宜；肥力较高的地块播量可适当增加。

（5）适用品种。高产品种选用品 2 号、花早 2 号、坝莜 6 号、坝莜9号等，草用型品种选用坝莜 3 号、冀张莜 4 号高秆品种。

4. 合理密植

燕麦的合理密植是以不同生产条件及栽培条件和适宜的播种量来确保一定数量的壮苗为标准的。要求达到以籽保苗，以苗保蘖，提高分蘖成穗率，增加单位面积穗数，协调群体与个体之间的关系，达到增株、增穗、粒多粒大的目的。适宜的密度范围是：亩播种 11～12kg，亩保苗 35 万株，亩保穗 40 万个左右为宜。对肥水条件更高，每亩产量超过 250kg 的地块，其播量不宜再增加，宜提高分蘖成穗，充分利用优越的环境条件，达到个体与群体协调发展，获得较高产量。

5. 田间管理

（1）确保全苗。燕麦播种后常遇干旱，要及时镇压，破碎土坷垃，减少土壤空隙，增强土壤水分，促进种子发芽和幼苗生长，早出苗，出全苗，出壮苗。

（2）中耕除草。一般提倡进行两次，当幼苗长到 3～4 叶时，进行第一次中耕，宜浅，但对杂草多、土壤带盐碱的地块，第一次中耕不宜提前。第二次中耕，宜在分蘖至拔节前进行，此次中耕，有利于消灭田间杂草、松土、提高地温、减少土壤水分蒸发。

6. 追肥灌溉

燕麦一般种植在旱地不需要浇水，但高产地块是需要浇水的，一般掌握以下原则：

（1）早浇头水。第一次浇水时间应在 3～4 片叶时进行。此时是燕麦开始分蘖，同时生长次生根，主穗顶部小穗开始分化时期，对产量影响较大。结合浇水也可每亩施 5～8kg 尿素作追肥。

（2）晚浇拔节水。拔节期是燕麦营养与生殖生长并重时期，也是需水需肥最旺盛时期，如果及时浇水、追肥，可争取穗大、穗多、粒多，从而获得丰产。结合浇水再追施氮肥或氮磷配合使用，可获丰产。追肥一般每亩施尿素 10kg 或等效的二元复合肥。

（3）浇好灌浆水。燕麦在抽穗至灌浆阶段，由于气温高，植株耗水量大，因此对水分要求十分迫切。特别是在灌浆期，水分供应不足，严重影响籽粒饱满度和成熟度，最终影响产量。

7. 收获与贮藏

（1）收获。燕麦成熟很不一致，当花铃期已过，穗下部籽粒进入蜡熟期，穗中上部籽粒进入蜡熟末期时，即应收获。此时籽粒干物质积累达到了最大值，茎秆尚有韧性，收割时麦穗不易断落。特别是晚秋常有大风危害，收获不及时，常因大风落铃、落粒而造成减产。

（2）安全贮藏。燕麦籽粒在高湿高温下宜发霉变质，因此，燕麦脱粒后水分含量大时一定要晾晒到13%以下，在燕麦贮藏期间，要严格控制燕麦籽粒的含水量和贮藏室温度，一般贮藏室温度控制在15℃以下。

四、莜麦亩产250kg田规范化栽培技术

1. 适应区域

河湾地、暗栗钙土多雨区以及其他地区的上等滩地、水浇地。

2. 播前准备

（1）选地。应选择土壤中含全氮0.15%、速效氮肥80mg/kg以上、速效磷20mg/kg以上、pH值7~8，前茬为豆科和马铃薯的上等土地。

（2）整地。早秋深耕20cm以上，结合秋耕亩铺施农家肥5 000kg以上，早春根据土壤水分和气候情况及时采取压、耙、耱、整等保墒措施。

（3）因地选用良种。中等肥力的地块种植冀张莜四号（又称品五）和冀张莜六号（又称品十六）；高肥力地块、坝头冷凉区和水浇地选用抗倒伏力强、增产潜力大的冀张莜2号。

（4）种子处理。播前进行精细选种，剔除秕瘦、破碎粒和杂物，使种子纯度达到96%，净度达到98%以上，发芽率达到90%以上。选择无风晴天晒种3～4天。播种前用拌种双拌种，药量为种子重量的0.3%，以防治坚黑穗病。

3. 播种

（1）适期播种。品5号莜麦在二阴滩地和坝头种植以5月20日至25日播种为宜，品6号莜麦在5月25—30日播种为好，在沙质地和中北部地区可推迟5天左右。水地和坝头极冷凉区种植冀张莜2号时，以在5月15—20日播种为宜。

（2）确定播量。莜麦夺取高产以主穗为主，一般旱地亩苗数在25万～30万株、水地在30万～32万株，亩播量9～10kg。

（3）播种方法。采用犁播和机播均可。行距26～30cm，播深3～5cm，播后及时镇压。

（4）增施肥料。秋季未施农家肥的地块，春季要亩施2 000kg优质农家肥加30～50kg过磷酸钙作基肥沟施。如果不施过磷酸钙，可亩施3.5～5kg磷酸二铵作种肥。

4. 田间管理

（1）出苗后至拔节期

① 中耕锄草：3叶1心锄第一次，做到细锄、灭草、不埋苗；5叶1心锄第二次，做到深锄（深度3～5cm），并拔大草培育壮苗。

② 防蚜灭病：5月下旬6月上旬是蚜虫发生期。当麦田蚜株率达到50%时，用蚜克西（10%吡虫啉可湿性粉剂）1 000倍液，或封功（15%高效氯氟氰菊酯微乳剂）3 000倍液，或40%乐果乳油600倍液喷雾，用药液600～750kg/hm^2。

③ 可在分蘖期到拔节期趁雨追肥一次，亩追尿素12.5kg，要求做到撒施均匀。

（2）拔节后至抽穗期，主要栽培技术措施如下。

①水肥管理：如有缺肥现象，可趁雨追肥一次，亩追尿素10kg。

②防治黏虫：当麦田黏虫卵孵化率达到80%以上，幼虫量每公顷达到15头时，用新科（2%阿维菌素乳油）2 000倍液，或奥翔（3%甲维盐微乳剂）3 000倍液，用50%敌敌畏乳剂800~1 000倍液喷雾防治，亩用药液40~50kg。

（3）齐穗后至成熟期

①根外追肥：在扬花灌浆期，可亩用磷酸二氢钾100g，加水50~75kg，在晴天下午5点以后或阴天无雨时喷施，以利提高结实率，增加千粒重。

②适时收获：当莜麦穗子由绿变黄、中部籽粒变硬，表现出品种籽粒色泽时进行收获。结合收获要进行田间穗选作为来年留种。

五、无公害栽培技术规程

适用于生产无公害燕麦产品，裸燕麦（莜麦）无公害栽培技术规程由张家口市农业科学院提出，于2006年8月2日发布并实施，为河北省张家口市地方标准。

1. 选地

无公害农产品产地景观环境指标为：选择生态环境良好、周围无环境污染源、符合无公害农业生产条件的地块。距离高速公路、国道≥900m，地方主干道≥500m，医院、生活污染源≥2 000 m，工矿企业≥1 000 m。产地环境空气应符合GB 3095—1996的规定。产地土壤环境质量应符合GB 15618的规定。农田灌溉水质应符合GB 5084的规定。

选择栗钙土、草甸土，以土壤肥沃、有机质含量高、保肥蓄水能力强、通透性好、pH值6.5~7.5的地块为适宜。

2. 轮作倒茬

种植无公害裸燕麦必须轮作倒茬，忌连茬，做到不重茬、迎茬。建议采用以下 3 种轮作模式：

豆类—裸燕麦—胡麻

牧草（包括玉米）—裸燕麦—胡麻

马铃薯—裸燕麦—春小麦

3. 整　地

（1）整地标准。土地平坦，上虚下实；田间无大土块和暗坷垃；无较大的残株、残茬；达到播种状态。

（2）整地方法。采取早秋深耕（机耕、畜耕均可，耕深 20~25cm），4 月上中旬顶凌耙耱的方法。

4. 施　肥

（1）基肥。以农家肥为主，可根据土壤肥力基础和肥料质量确定施肥数量，一般要求施优质农家肥 37 500~52 500kg/hm^2，加过磷酸钙 750~1 500kg/hm^2。

（2）种肥。一般以 75kg/hm^2 磷酸二铵作种肥，不同 N：P 的土壤施种肥的标准是：在每公顷施 225kg 硫铵加过磷酸钙作种肥时，土壤速效磷在 0.0001%以下时，氮磷配比为 1：2；土壤速效磷在 0.0001%~0.0002%时，氮磷配比为 1：1；土壤速效磷在 0.0002%以上时，氮磷配比为 2：1。其他化肥作种肥可根据这一指标计算。

5. 选用品种

无公害农业生产所使用的农作物种子原则上来源于无公害农业体系。

应选用适合本地特点、抗逆性强的优良品种，如冀张莜 4 号（品 5 号）、花早 2 号、坝莜 1 号、花中 21 号、冀张莜 6 号（品 16 号）、花晚 6 号等。

6. 种子处理

（1）细选种。剔除病粒、瘪粒、破碎粒。经过风选、筛选后的种子质量应符合 GB 4404.1 的规定。

（2）晒种子。播前进行晒种，选择晴朗无风天摊晒 3~4 天，厚度 3~5cm，达到杀菌、提高发芽率的目的。

7. 播　种

（1）播种时期。旱坡地 5 月下旬播种，平滩地 5 月中旬播种。如选用早熟品种，播种时期可推迟到 6 月 15 日前。

（2）播种密度。一般保苗 350 万~400 万株/hm^2。

（3）播种数量。按照需要苗数、发芽率和种子的千粒重计算播种量。一般旱地每公顷播量 113~150kg；平滩地每公顷播量 150~187.5kg；二阴滩地和坝头冷凉区每公顷播量 188kg 左右。

（4）播种深度。播种深度为 4~6cm。

（5）播种要求。要求撒籽均匀，不漏播，不断垄，深浅一致，播后及时镇压。

8. 田间管理

（1）中耕锄草。2 叶 1 心期进行第一次中耕除草，要求浅锄、细锄，达到灭草不埋苗。4~5 叶期进行第二次中耕，做到深锄拔大草。

（2）灌溉。开花前若遇到干旱，有条件时要进行灌溉。灌溉水应符合 GB 5084《农田灌溉水质标准》要求。

9. 病虫害防治

采取预防为主、防治结合的综合防治措施，从农田生态的总体出发，以保护、利用裸燕麦田有益生物为重点，协调运用生物、农业、人工、物理措施，辅之以高效低毒、低残留的化学农药进行病虫害综合防治，以达到最大限度地降低农药使用量，避免裸燕麦农药污染。喷施农药必须在无风无雨的天气进行。农药使用应符合 GB 4285 和 GB/T 8321.1、GB/T 8321.2、GB/T8321.3、

GB/T 8321.4、GB/T 8321.5 中小麦农药使用的规定。

（1）防治蚜虫。5 月底 6 月上旬蚜虫大发生时，用 800 倍液溴氰菊酯液喷洒，或用 50%的辟蚜雾可湿性粉剂 2 000~3 000 倍液，或吡虫啉可湿性粉剂 1 500 倍液喷洒，用药液量 600~750kg/hm^2。

（2）防治黏虫。当卵孵化率达到 80%以上，幼虫每公顷麦田达到 15 头时，选用 Bt 乳剂每公顷 255~510mL 加水 750~1 125 mL，或以 5%的抑太保乳油 2 500 倍液喷雾。

（3）防治燕麦坚黑穗病播前 3~5 天，用 50%甲基托布津或多菌灵可湿性粉剂以种子重量 0.3%的药量拌种。

10. 收　获

（1）收获时期。当裸燕麦麦穗由绿变黄，上中部籽粒变硬，表现出籽粒正常的大小和色泽时进行收获。

（2）收获方式。采用机械或人工收割的方式进行收获。

（3）籽实质量。收获的裸燕麦应符合 GB 2715 的要求。

第二节　燕麦病虫害防治

一、燕麦主要病害防治

（一）燕麦黑穗病

1. 症　状

燕麦黑穗病包括燕麦坚黑穗病和燕麦散黑穗病。燕麦黑穗病的侵染、循环过程是附在健康种子表面的厚垣孢子，随种子发芽而发芽，并侵入幼芽芽鞘直达生长点，而后随燕麦的穗分化再侵入结实部位。病菌在穗内部以菌丝体形式繁殖，至收获前菌丝体断裂而成为厚壁的单孢子，单孢子再粘连形成黑褐色菌块，使整个花序呈灰黑色病穗。在种子脱粒时，从病穗中飞散出的厚垣孢子再黏附在种子表面，造成了种子带菌。

2. 防治方法

（1）选育抗病品种。

（2）实行轮作和清除田间病株。

（3）药剂拌种，用拌种双按种子重量的 0.2%拌种，或用 50%克菌丹按种子重量的 0.3%~0.5%在播种前 5~7 天拌种，或用 25%萎锈灵或 50%福美双按种子重量的 0.3%拌种，或用多菌灵、甲基托布津等可湿性农药湿拌闷种，均可起到防治效果。

（二）燕麦红叶病

1. 症　状

燕麦红叶病是一种大麦黄矮病引起的病毒性病害，一般通过蚜虫传播。病毒病原在多年生禾本科杂草或秋播的谷类作物上越冬。传毒蚜虫在迁飞活动中把病毒传播到燕麦植株上，吸毒后的蚜虫一般在 15~20 天后才能传毒。蚜虫吸毒后可持续传毒 20 天左右。初发病的植株称为中心病株。幼苗得病后，病叶开始发生，在中部自叶尖变成紫红色，然后沿叶脉向下部发展，逐渐扩展成红绿相间的条斑或斑驳，病叶变厚变硬，后期呈橘红色，叶鞘紫红色，病株有不同程度的矮化、早熟、枯死现象。

2. 防治方法

在常年蚜虫开始出现之前，及时检查，一旦发现中心病株，要及时喷药灭蚜控制传播。其方法如下。

（1）用 40%乐果乳油 2 000~3 000 倍液喷雾，或用 80%敌敌畏乳油 3 000 倍液喷雾，或用蚜克西（10%吡虫啉可湿性粉剂）1 000 倍液，或封功（15%高效氯氟氰菊酯微乳剂）3 000 倍液，或用 50%避蚜雾可湿性粉剂 10g/亩对水 50~60kg 喷雾。

（2）消灭田间及周围杂草，控制寄主和病毒来源。

（3）在播种前用内吸剂浸种或拌种。

（4）选用耐病品种。

(三) 燕麦秆锈病

1. 症　状

其症状类似于小麦秆锈病，始见于中部叶片的背面，初为圆形暗红色小点，然后逐渐扩大，穿过叶肉，使叶片两面都有夏孢子堆（病斑），然后向叶鞘、茎秆、穗部发展。病斑呈暗红色、梭形，可连片密集呈不规则斑，使受病组织早衰、早死，遇大风天气病株折断。燕麦秆锈病菌是专性寄生菌，普通小蘗是它的转主寄主，其性孢子和锈孢子要在小蘗上度过，然后转到燕麦植株上。

2. 防治方法

（1）选育抗秆锈病品种。

（2）消灭田间病株残体，清除田间或杂草寄主。

（3）实行轮作，避免连作。

（4）一旦发病，要及时进行药剂控制，每公顷可用盛唐（25%丙环唑乳油）3 000 倍液在发病初期喷雾；或用诺田（20%腈菌唑微乳剂）1 500~2 000 倍液在感病前或发病初期喷雾；或用 12. 5%烯唑醇乳油 495~750mL 在锈病盛发期对水喷雾；或用 20%萎锈灵乳油 2 000 倍液喷雾；也可用 25%三唑酮可湿性粉剂 120g 拌种处理种子 100kg。

(四) 燕麦冠锈病

1. 症　状

燕麦冠锈病是真菌性病害，它的病斑为橘黄色圆形小点，稍隆起，散生不连片，发生严重时可连成大斑，最后破裂散出黄色粉末（夏孢子）。冠锈病一般发生在叶片、叶鞘上，收获前，在夏孢子堆的基础上形成暗褐色或黑色冬孢子堆，在叶片上为圆形点斑，在叶鞘上呈长条形，但不破裂。病菌夏孢子与燕麦秆锈菌相似，圆形，表面光滑，浅黄色。冬孢子为双胞柄生锈菌，但上端的一个细胞为指状突起，恰似皇冠而得名。

2. 防治方法

可参考燕麦秆锈病。

(五) 燕麦线虫病

1. 症　状

燕麦线虫一年一代，幼虫由孢囊中孵化出来，聚集在土壤中，从植物根部吸收营养，经4次蜕皮发育成雌、雄成虫。雌虫在燕麦皮层内形成一个黏液状卵袋，卵受精后仍保留在孢囊中。感染线虫的燕麦植株，通常生长衰弱、矮小，穗缩短，籽粒干瘪，植株倒伏。

2. 防治方法

线虫传播主要是借寄生植物的种子作远距离传播和通过土壤进行传播，因此防治的方法主要如下。

（1）加强植物检疫，严防其从境外传入。

（2）与非感染作物进行6~7年轮作。

（3）土壤消毒，每亩用2%甲基异硫磷粉剂2~2.5kg加细土25kg，拌成毒土，施入土壤。

二、燕麦主要虫害防治

(一) 黏　虫

1. 习　性

在北方不能越冬，北方虫源由南方迁飞而来。一年发生多代，成虫昼伏夜出，白天一般潜伏在秸草堆、土块下或草丛中，晚间出来取食、交尾、产卵。在无风晴朗的夜晚活动较盛，幼虫在阴雨天可整天出来取食为害，到5~6龄进入暴食期。

2. 防治方法

（1）做好预测预报工作，最大限度消灭成虫，把幼虫消灭在3龄以前。

（2）诱杀或捕杀害虫，利用杨树枝或谷草把，诱集捕杀成

虫，或用糖醋酒毒液诱杀成虫。在成虫产卵盛期，采摘带卵块的枯叶和叶尖，或用谷草把每3天换一次，并把其带出田外烧毁。

（3）对3龄前黏虫，用新科（2%阿维菌素乳油）2 000倍液，或奥翔（3%甲维盐微乳剂）3 000倍液，封功（15%高效氯氟氰菊酯微乳剂）农药或1 500倍辛硫磷乳油，喷雾防治。3龄后黏虫，清晨有露水时，可用乙敌粉剂、辛拌磷粉剂进行喷粉防治。

（二）土　蝗

1. 习　性

俗称蚂蚱，种类繁多，除成群远飞的飞蝗外，其他均称为土蝗。土蝗的生活习惯各不相同，一年发生一代或多代，以卵块在土中越冬。5~6龄即为成虫，飞翔能力较弱，幼土蝗跳跃力极强，喜欢栖息在荒坡的草丛中，其食性极为复杂，几乎什么粮食作物都吃。

2. 防治方法

（1）做好土蝗预测预报工作。

（2）消灭幼虫，幼虫的抗药能力弱，可在其进入农田之前，在农田与荒坡之间喷一药带，宽度为1~3m。可用乙酰甲胺磷等农药1 000~2 000倍液喷洒。

（3）消灭成虫，土蝗进入农田要及早消灭，一般用马拉硫磷、敌敌畏、毒死蜱等农药，超低量防蝗。

（三）草地螟

1. 习　性

草地螟属杂食性、暴食性害虫。一年发生2~3代，以幼虫和蛹越冬。幼虫有5个龄期。1龄幼虫在叶背面啃食叶肉，2~3龄幼虫群集在心叶，取食叶肉，4~5龄幼虫进入暴食期，可昼夜取食，吃光原地食料后，群集向外地转移。老熟幼虫入土作茧成蛹越冬。

2. 防治方法

（1）农业防治。秋季进行深耕耙耱，破坏草地螟越冬环境，春季铲除田间及周围杂草，可杀死虫卵。

（2）药剂防治。对3龄前草地螟，可用新科（2%阿维菌素乳油）2 000倍液，或奥翔（3%甲维盐微乳剂）3 000倍液，或80%敌敌畏乳油1 000倍液或800倍的90%敌百虫粉剂或2.5%的溴氰菊酯乳油、20%的速灭杀丁乳油等菊酯类药剂4 000倍液喷雾，防治草地螟。

（3）人工诱杀。可用网捕和灯光诱杀。在成虫羽化至产卵2~12天空隙时间，采用拉网捕杀或利用成虫的趋光性，黄昏后有结群迁飞的习性，采用黑光灯诱杀。

（四）麦类夜蛾

1. 习　性

一年一代，以老熟幼虫越冬。在北方6—7月为成虫初发至盛发期，严重为害燕麦等农作物。成虫昼伏夜出，一般晚8时开始活动，交尾5~8天后产卵，卵多产在第1~3小穗的颖壳内，初龄幼虫蛀食籽粒，老熟幼虫蚕食籽粒。

2. 防治方法

（1）诱杀。可用灯光或糖蜜诱杀器诱杀。

（2）药剂防治。3龄前幼虫用新科（2%阿维菌素乳油）2 000倍液，或奥翔（3%甲维盐微乳剂）3 000倍液，或80%敌敌畏乳油1 500~2 000倍液，或5%杀螟松乳油加敌敌畏制成2 000倍液来喷雾防治。

（3）推迟播种期。麦类夜蛾产卵盛期一般与寄主抽穗、扬花期相吻合，避开其产卵盛期，即可减轻损失。

第六章　青稞优质高产栽培技术

第一节　青稞栽培技术

一、整地与播种

（一）整　地

青稞在生长发育过程中，除要求土壤中有充足的营养外，还要求有较好的土壤孔隙结构和适宜的墒情，这就要求在深耕细耙施足底肥的基础上，达到地面平整，沟渠配套、灌排方便。旱作青稞在多雨和地下水位高的地区或地块，应开好排水沟，排出多余的积水，起到防涝作用。

春旱较重的地区，整地要精细平整，达到保墒防旱作用。有灌水条件的应灌后浅耕，有伏旱的还应开好灌排水沟，以利灌水防旱。

多雨高湿地区，整地要略粗些，以利于土壤通气性好，播种出苗齐、快而苗壮。开好排水沟，以防积水涝害。

（二）播　种

1. 播种期的确定

适期播种，不仅是达到苗齐、苗壮的关键，而且能使每个阶段发育都处在最适宜的季节，有利于形成大穗大粒，达到高产稳产。青稞春播过早，气温低，出苗慢而不整齐，种子萌动长期处在干燥的土壤中，胚芽易感染黑穗及其他土传病害，种子中营养消耗多，不利于培育壮苗、影响青稞产量。播种过晚，气温较高，出苗快，幼苗长势弱，分集、拔节快，分蘖少、弱苗多，后期易受早霜影响灌浆，也不易达到高产目的。因此，不同生态区域的播期和播种方法是有差异的，各地应掌握好最佳播期。

（1）春旱较重的地区有灌水条件的应灌水后耕耙，整地后可适当早播；没有灌溉条件的地区或地块，可适当迟播，最迟也不能超过播期范围。

（2）多雨高湿地区，此区春季雨雪多，气温很不稳定，土壤含水量大。应在春播前及时耕耙，待气温基本稳定在土壤10cm处8℃以上时，立即整地播种。

（3）高寒区一般土壤水分不缺，气温偏低，稳定也慢，生长季节短，就应适当早播。此区播种季节短，应以路边青草或杨树萌芽，就应及时播种，播种后2.5~3天出苗属正常。

2. 选　种

将备播种子在晴天翻晒4小时后，用风车或筛子选种。选择籽粒大而饱满，色泽好的种子，有条件会操作的最好用泥水或盐水选种效果更好。除干旱又没有灌水条件的不能浸种催芽播种外，土壤墒情好，气温低的地区，应浸种催芽可迟播7~10天，有利于出苗快和出苗整齐。对黑穗病和地下害虫重发区，应选用相应药剂拌种，也可选用药肥结合的种子包衣剂包衣后播种，效果更好。

3. 播种量的确定

根据种子的质量和当地的生产实际情况，用种子发芽率（势）来确定播种量最好。一般上等地基本苗应保持在10万~12万/亩，中等地13万~15万/亩，下等地18万~20万/亩比较适宜。

4. 播　种

青稞播种主要有两种方式：条播和撒播。播种深度：墒情较

好的田块，播种深度以3~4cm为宜；墒情不足的田块，播深可达4~5cm。播种后适时镇压保墒。

二、田间管理

因地制宜，采用相应的管理措施，可以把土、肥、水、种、密度等方面的有利因素组装协调起来，使青稞在各个生育阶段，始终沿着高产稳产的方向发展。

（一）出苗至分蘖期的田间管理

出苗至分蘖期以发生分蘖和发展根系为主，同时幼穗也在分化小穗原基，是决定穗数和穗粒数的重要时期。这个时期的主攻目标是在苗齐、苗壮的基础上，促进早分蘖、早扎根，达到分蘖足、苗壮，根系发达。壮苗具有以下特征：叶片宽厚、长短适中、叶色葱绿，早期分蘖、次生根发生与叶片出生等符合同伸关系；弱苗的特点：叶片长势细弱，分蘖少或没有分蘖，根系发育不良，此期各器官发生与同伸关系不符，往往延迟发生或不发生，抗逆性差。旺苗是指生长过度，叶片肥阔、披垂，叶色浓绿，分蘖过多，叶面积过大，封行阴闭过早。

具体管理措施如下。

（1）查苗补种。出苗后及时查苗补种，一般在子叶展开，出苗后第3~4天，还未出苗的，就应用事先准备好的种子浸种8~12小时后催芽24小时，胚芽微白时，进行补种。土壤过分干燥不能浸种催芽，可直接补种干的种子。如果因地面结壳出苗困难而盘芽的，应用钉齿耙浅耙，划破表土放苗，不必补种。

（2）疏苗、镇压、除草。3~4叶期，在干旱区或干旱年份，以及杂草萌发较多的情况下，用钉齿耙浅耕地表，能碎土翻动地表草芽，有保墒除草的效果；或用一定重量和宽度的圆木或石滚镇压，也具有相同作用，并可促进分蘖和壮苗。

（3）追肥。视苗情追肥，青稞三叶期是幼苗吸肥较多而迅速的重要时期，有机底肥分解释放的养分不多，如没有施用种肥或速效底肥的应考虑及时施用追肥，每亩可在傍晚或下雨前后亩撒施尿素 5kg。底肥充足又配合了氮磷肥的，幼苗茁壮，叶色正常，可不施或少施追肥，以免造成旺苗。

（4）中耕除草。青稞苗主茎 5 叶，多有 2~3 个分集，此期田间杂草大量萌发生长，应选晴天进行人工松土锄草，使土壤表层通透性得到改善，利用强光及高温杀死地面被锄杂草效果较好。也可以根据需要选用适宜的除草剂，既省工除草效果又好，但应按选用除草剂的使用说明书，严格操作。

（二）拔节、孕穗期的田间管理

青稞一般于分蘖高峰期后便开始拔节，直到抽穗后节间才停止伸长。从拔节到抽穗这一段时间在栽培上视为拔节长穗期。此阶段是青稞一生中生长发育最旺盛的时期，干物质积累占一生中总干重的 50% 左右。拔节后无效分蘖相继死亡，次生根增加缓慢。此阶段前期幼穗分化进入雌雄蕊形成期，生长中心转入穗膨大、茎秆的伸长和加粗。后期剑叶叶鞘逐渐膨大，中部呈鱼肚状，叶面积达最大值，穗数和穗粒数基本定型。由于此期营养生长、生殖生长并进，因而需肥、需水最多，对肥水反应特别敏感，个体内各器官之间的矛盾和群体与个体间矛盾非常明显。若肥水不足，则穗少、穗小、产量低；肥水过量，群体过大，造成田间通风透气和透光条件差，使地上和地下部分不平衡，而导致倒伏，引起减产降质。因此，本阶段主攻目标是：在保蘖增穗的基础上，促进壮秆和大穗的形成，防止徒长倒伏。

具体管理措施如下。

视苗情适时补施拔节孕穗肥和灌水。拔节孕穗肥是指从拔节到剑叶露尖期间施用的肥料。符合壮苗标准的不必施肥。注意土壤水分是否充足，久晴不雨的要在早晨太阳出来之前，看叶尖露水珠多而大，行间湿润，即水分适宜；如露珠少、行间干、表土

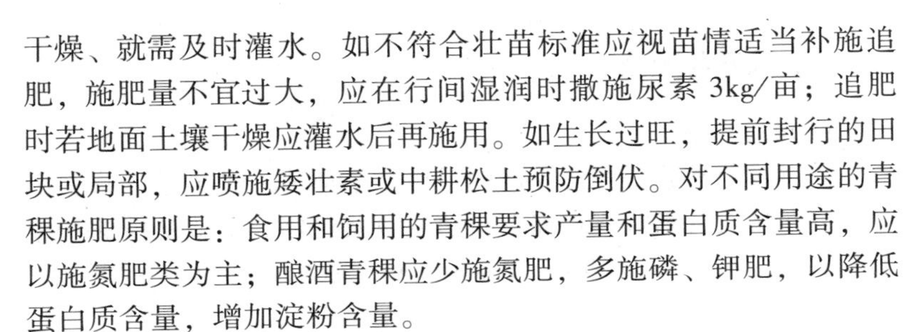

干燥、就需及时灌水。如不符合壮苗标准应视苗情适当补施追肥，施肥量不宜过大，应在行间湿润时撒施尿素 3kg/亩；追肥时若地面土壤干燥应灌水后再施用。如生长过旺，提前封行的田块或局部，应喷施矮壮素或中耕松土预防倒伏。对不同用途的青稞施肥原则是：食用和饲用的青稞要求产量和蛋白质含量高，应以施氮肥类为主；酿酒青稞应少施氮肥，多施磷、钾肥，以降低蛋白质含量，增加淀粉含量。

（三）抽穗、成熟期间的田间管理

青稞抽穗后，生长中心转向穗部和籽粒，是最后决定穗粒数、穗重和粒重的关键时期。上部叶片的光合产物有 2/3 以上被输送到籽粒中去，说明上部叶片对粒重的作用最大。多数青稞品种的剑叶都比较短小，但穗下第二片叶不但叶面积大，光合期也长，是特别重要的叶片，应延长它的光合期和提高光能利用率，发挥此叶的最大作用，制造更多的光合产物来增加产量。

该阶段的主攻目标是：养根保叶，延长上部叶片的功能期；预防旱、涝、病虫等灾害，达到最终的穗大、粒多和粒重，以利高产、优质。

具体管理措施如下。

这一阶段在土壤中施肥已无多大效果，主要是水分管理。在灌溉区一定要适时看天、看地，管好壮穗水，既防旱灾，也防涝害。青稞生长后期（灌浆初期）叶面喷施速效氮、磷、钾肥能有效延长叶片功能期，对壮籽增重效果显著，可单一喷施，也可复混喷施，浓度应控制在 1%～2%。一次性喷量不可过大，低浓度多次喷施效果好，一般每隔 5～7 天喷一次，最多不超过 3 次。

抽穗至成熟是多种病害和虫害大发生的时期，这些病虫对粒重和品质影响很大，要及时防治。

三、收获与贮藏

1. 适时收获

适时收获是获得青稞高产的最后一个环节，过早过迟收割都对产量和品质有影响。青稞在黄熟期收获最好，也就是植株和穗子全黄，含水量小于20%～22%时收获、脱粒，籽粒不受损伤。

2. 贮　藏

青稞籽粒收获后要及时晾晒，防止混杂，并分筛去杂。晒干的籽粒含水量要低于13%，才能入仓贮藏。

第二节　青稞病虫害防治

一、青稞主要病害防治

（一）青稞黑穗病

1. 症　状

青稞的黑穗病又叫火烟包，它又分为散黑穗病、坚黑穗病和半坚黑穗病3种，它是青稞最普遍的病害之一。一旦遭受其为害，产量损失严重。青稞黑穗病主要侵害幼苗，每年只在苗期侵染一次，主要靠种子带菌传播。每年青稞脱粒时散出的冬孢子附着在青稞种子表面，青稞播种后冬孢子萌发产生菌丝，从青稞芽中侵入，随后菌丝体随着麦苗生长逐渐扩展。青稞进入抽穗前病菌危害花器和种子，然后形成大量冬孢子，出现病穗。在适宜的温度和湿度下，部分孢子萌发，侵染青稞颖壳和种皮。在青稞抽穗前不表现出任何症状，抽穗后出现病穗，在病穗外侧生长出很多黑粉，麦穗变成畸形，发育不良不会结实，为害青稞产量。

2. 防治方法

（1）选用抗病品种和不带菌的种子。

（2）药剂拌种和土壤消毒处理，用 15%的粉锈灵或立克锈拌种。用量，拌种每 100kg 种子拌 40～60g 15%的粉锈灵或立克锈，土壤消毒。采用撒药土进行土壤处理，每亩用沙土 10～15kg，粉锈灵或立克锈 50～70g。

（3）石灰水浸种。1kg 石灰水加清水 99kg。兑成 1%的石灰水，每 100kg 石灰水浸种青稞 55kg，浸种过程不许搅拌，在日平均气温 15℃时，浸种一周，其防治青稞黑水病的效果好。

（4）其他防治方法，在感病穗子抽出其黑粉末飞散前，拔除病株，将其烧毁或深埋。

（二）青稞锈病

1. 症　状

青稞的锈病有 3 种，即条锈、杆锈和叶锈。由于气候条件的影响，青稞锈病以条锈病发生较普遍。条锈病一般又叫火风，主要发生在青稞的叶片、叶鞘及茎秆上。有时也发生在穗、芒和籽粒上。病叶上有橙黄色椭圆形小斑点，顺叶脉排列成条纹，叶片上有许多似铁锈样的黄色粉末。这是从叶脉间的叶肉组织中发育成的夏孢子堆，待夏孢子堆形成冬孢子堆后，冬孢子在收割后的青稞残茎上或者在种子上越冬。此病与小麦条锈病同属一种病原菌，也侵害其他禾本科植物。

2. 防治方法

（1）选用抗病的品种。

（2）改进栽培技术。做到适时播种，提前播种期，加强田间管理，除草排水，合理配方施肥，以增强青稞的抗病力。

（3）轮作换茬。

（4）化学防治，用 15%的粉锈灵或立克锈拌种，苗期用 15%的粉锈灵或立克锈 500 倍液喷雾。

(三)青稞黄矮病

1. 症　状

青稞黄矮病，由病毒侵染所引起，蚜虫为传毒介体。其为害症状为：植株黄化、红化、矮化、分蘖增多，叶片变硬变脆，从叶尖开始发黄，逐渐沿叶脉扩展到叶片基部。重发生年份可造成青稞减产40%以上；中等发生年份可造成20%~30%的减产；轻发生年份一般损失10%左右。

2. 防治方法

(1)消除介体寄主，减少虫源。利用冬闲时间对田边地角的植物残体、杂草及枯枝进行清除焚烧，特别是对酸模（阿崩叶）应彻底清除，以减少蚜虫的越冬场所。

(2)加强田间管理，促进青稞生长，增强青稞自身的抗病虫性。

(3)使用病毒抑制剂。在青稞出苗后2~3叶期，选择病毒抑制剂——多元微肥喷雾，从而加强植株自身抗病力，预防黄矮病的发生。使用植物生长调节剂，在青稞3~4叶期，用云大120或多效唑喷雾，促进青稞分蘖，增强自身的抗病能力。

二、青稞主要虫害防治

青稞黏虫，又被称为行军虫和五色虫，是鳞翅目夜蛾科害虫。黏虫食性很杂，主要为害玉米、水稻、麦类、高粱、青稞等禾谷类作物及禾本科牧草。黏虫各龄幼虫食量差异性很大，1~2龄幼虫多隐藏在青稞心叶或者叶鞘中，昼夜取食，但这个时期的幼虫取食量很小，啃食叶肉残留表皮，造成出现半透明的小斑点。幼虫进入到5~6龄期后最为严重，常常蚕食整个叶片，导致青稞穗部折断。

防治黏虫要做到捕蛾、采卵及杀灭幼虫相结合。要抓住消灭成虫在产卵之前，采摘卵块在孵化之前，药杀幼虫在3龄之前等

3 个关键环节。有条件的，应做好地区甚至区域性的预测预报工作。主要防治方法如下。

（1）因地制宜选用抗虫品种。

（2）加强田间管理。合理密植，科学灌溉施肥，控制田间小气候，降低卵的孵化率和幼虫的存活率。

（3）农业防治。在成虫发生期，田间插杨树枝把或谷草把、放置糖醋盆诱杀成虫；成虫产卵期在作物田插谷草或萎蔫玉米苗诱蛾产卵，定期集中烧毁处理。糖酒醋液配比：糖 3 份、酒 1 份、醋 4 份、水 2 份，调匀即可。夜晚诱杀。

（4）保护与利用天敌。

（5）农药防治。药物可以选择使用 2.5% 敌百虫粉剂，每亩喷 2.0~2.5kg，拌匀后顺垄撒施，防老龄幼虫，或 90%晶体敌百虫 1 000~2 000 倍液、80% 敌敌畏 2 000~3 000 倍液，或用 2.5% 溴氰菊酯乳油、20%速灭杀丁乳油 1 500~2 000 倍液，或 50%辛硫磷乳油 1 500 倍液、25% 氧乐氰乳油 2 000 倍液喷雾，效果都很好。

第七章　薏苡优质高产栽培技术

第一节　薏苡栽培技术

一、整地与播种

1. 整地与施肥

薏苡生长对土壤要求不严，除过黏重土壤外，一般土壤均可种植，但以选向阳、排灌方便的沙壤土为好。薏苡对盐碱地、沼泽地的盐害和潮湿有较强的耐受性，故也可在海滨、湖畔、河道和灌渠两侧等地种植。忌连作，前茬以豆科作物、棉花、薯类等为宜。整地前每亩施农家肥 3 000 kg 作基肥。深耕细耙，整平。除小面积外，一般不必作畦，但地块四周应开好排水沟。

2. 播　期

薏苡为春播喜温作物。华北播期 4 月中旬，东北 4 月下旬至 5 月上中旬为宜，长江中游 3 月到 4 月上旬为宜，华南 3—6 月均可播种。以适当早播为宜。北京地区也可麦收前套种麦垄内，但产量较低。山西引用吉林品种小黑壳，麦茬复种获得每公顷 3 000kg 产量。福建等省秋播，12 月中旬收获。

3. 密度与播种量

薏苡的分蘖性较强，每株可有分蘖 5 ~ 8 个。主要根据肥水条件确定密度。南方瘠薄山地分蘖较少，实行条播，行距 50cm，株距 17 ~ 20cm。华北地区每穴 2 株，行距 60 ~ 70cm，穴距 30cm

左右。播种方式可条播或宽窄行条播、套种在预留的麦垄里。薏苡每千克种子 6 600~10 000 粒，因此如果发芽率在 80%以上，每公顷播量 22.5~30kg 左右，种子大的适当增加；发芽率低的应补上差数，整地粗放的应适当增加。播种期偏晚的靠主蘖成穗，也应适当增加播量。播种深度 3~5cm，薏苡种子性喜黑暗，浮籽或盖土不严会影响发芽和出苗。

福建等地区也有少数农户采用育苗移栽。株高 15~20cm 时移栽，手插、机插均有，实行水田式栽培。

二、田间管理

1. 追　肥

一般分苗肥、穗肥和粒肥 3 次施用。叶龄 6~8 叶、植株进入分蘖盛期时，结合中耕除草培土，每公顷施用 150kg 硫酸铵作苗肥。当叶龄 10~11 叶时，主茎开始幼穗分化，分蘖停止发生，每公顷施硫酸铵 150kg、过磷酸钙 225kg、150kg 钾肥，施时结合第二次培土，施后灌溉，保证穗部发育所需的养分。粒肥应在齐穗后每公顷再施 150kg 磷酸二氨，促进粒重，防止早衰。

2. 水分管理

掌握“两头湿、中间干”的原则。雨量充沛的福建、我国台湾，按“湿—干—水—湿—干”的原则管理。即苗期和分蘖期 40 天内保持湿润，分蘖末期搁田至干，控制无效分蘖（约 15 天），到扬花灌浆期要灌溉，但不宜长时间积水，直至收获前半个月才可断水。搁田有利于收获。还应根据雨水多少加以调节。薏苡苗期过湿，不利于根部生长，在排水不良的低洼地可以用畦式栽培、开沟培土的方法防止幼苗长期浸水、根系瘦弱而导致减产。

3. 摘除无效分蘖和老叶

在拔节停止后（叶龄 12~13 叶），结合中耕除草，摘除第一分枝以下的老叶和无效分蘖。有利通风透光，促进养分集中，并可防止倒伏。

4. 辅助授粉

薏苡是雌雄同株异花授粉作物，同一花序中雌小花先成熟，雄小花不能同步成熟。如在盛花期每天用绳索、竹竿等工具振动植株（上午 8—11 时），使花粉飞扬，有利提高结实率。

三、收获与贮藏

1. 适时收获

薏苡采收期因品种和地区不同而异。早熟种小暑至立秋前（7 月至 8 月初），中熟种处暑至白露（8 月下旬至 9 月中旬），晚熟种霜降至立冬前（10 月下旬至 11 月中旬）；南方一般在白露（9 月上中旬），北方一般在寒露（10 月上旬）。一般待植株下部叶片转黄，籽粒已有 80%左右成熟变色时，即可收割，不可过迟，避免成熟种子脱落减产。收割时选晴天割取全株或只割茎上部，用打谷机脱粒或晒干后脱粒。

2. 贮　藏

薏苡在储存中易发生虫蛀和发霉，应在通风阴凉干燥处存储，并适时晾晒和定期烘焙。

第二节　薏苡病虫害防治

一、薏苡主要病害防治

（一）薏苡黑穗病

1. 症　状

薏苡黑穗病又叫黑粉病，俗称黑疸，是薏苡的主要病害，主要为害穗部。染病种子常肿大呈球形或扁球形的褐色瘤，破裂后

散出大量黑褐色粉末状孢子。此病菌以厚囊孢子附着在种子表面或土壤中越冬。病菌孢子萌发后，侵入薏苡幼芽，随植株生长进入穗部，严重时造成颗粒无收。

2. 防治方法

（1）用沸水烫种、人尿浸种、药剂消毒等方法处理种子。

（2）实行轮作。

（3）发现病株，立即拔除烧毁，病穴用5%石灰乳消毒。

（二）薏苡叶枯病

1. 症　状

主要为害叶部。发病初期先在叶尖上出现淡黄色小斑，后病斑扩展连成一片，叶片呈焦枯状死亡。雨季发生严重。

2. 防治方法

（1）发病初期喷1：1：100波尔多液，每7~10天一次，连续2~3次。

（2）及时清除脚叶，保持田间通风透光，可减轻发病。

二、薏苡主要虫害防治

（一）黏　虫

1. 习　性

黏虫主要为害薏苡的叶片、嫩茎和茎穗。幼虫咬食叶片成不规则的缺刻，严重时将叶片食光，造成严重减产。

2. 防治方法

（1）在幼虫幼龄期喷90%敌百虫800~1 000倍液毒杀。

（2）用糖3份、醋4份、白酒1份和水2份搅拌均匀，做成毒液诱杀幼虫。

（二）亚洲玉米螟

1. 习　性

以1~2龄幼虫钻入幼苗心叶咬食叶肉或叶脉，3龄幼虫钻入茎内为害，蛀成枯心或白穗，遇风折断下垂。玉米螟以老熟幼虫在薏苡茎秆内越冬。

2. 防治方法

（1）早春将上年留下的玉米、薏苡茎秆集中烧毁，消灭越冬幼虫。

（2）5—8月夜间用黑光灯诱杀成蛾。

（3）在心叶展开时，用50%杀螟松200倍液，灌心毒杀。

第八章　绿豆优质高产栽培技术

第一节　绿豆栽培技术

一、轮作选茬

绿豆忌连作，农谚说得好，“豆地年年调，豆子年年好”。绿豆连作后根系分泌的酸性物质增加，不利于根系生长，抑制根瘤的活动和发育，植株生长发育不良，产量、品质下降。绿豆种植要选择适宜的茬口，如果前茬是大白菜地块，也会出现和连作一样的症状，同时病虫为害严重。因此，种植绿豆要安排好地块，最好是与禾谷类作物轮作，一般以相隔 2~3 年轮作为宜。

二、整地施肥

绿豆的氮素营养特点和需肥规律，结合绿豆种植区的土壤肥力、气候条件、耕作制度等情况，在施肥技术上应掌握如下原则：以有机肥料为主，有机肥与无机肥结合，增施农家肥料，合理施用化肥；在化肥的使用上掌握以磷为主，磷氮配合，重施磷肥，控制氮肥，以磷增氮，以氮增产；在施肥方式上应掌握基肥为主，追肥为辅，有条件的进行叶面喷肥。此外，肥地应重施磷钾肥，薄地应重施氮磷肥。具体施肥技术如下。

（一）基　肥

绿豆的基肥以农家肥料为主。农家肥料包括厩肥、堆肥、饼肥、人粪尿、草木灰等。基肥的施用方法有4种：一是利用前茬肥；二是底肥，犁地以前撒施掩底；三是口肥，犁后耙前撒施耙入地表10cm土层内；四是种肥，播种时开沟条施。

（二）追　肥

绿豆追肥的时间和方法应根据绿豆的营养特性、土壤肥力、基肥和种肥施用的情况以及气候条件来确定，绿豆追肥一般在苗期和花期进行。

1. 苗　肥

在地力较差、不施基肥和种肥的山冈薄地，应在绿豆苗期抓紧追施磷肥和氮肥。时间掌握在绿豆展开第二片真叶时，结合中耕，开沟浅施，亩施尿素10kg或复合肥10~15kg。

2. 花荚肥

绿豆花荚期需肥最多，此时追肥有明显的增产效果。氮肥施用量每亩5~8kg尿素为适宜。肥料可在培土前撒施行间，随施随串沟培土覆盖，或开沟浅施。

（三）叶面喷肥

在绿豆开花结荚期叶面喷肥，具有成本低、增产显著等优点，是一项经济有效的增产措施。方法是：在绿豆开花盛期，喷洒专用肥，第一批熟荚采摘后，每亩再喷1kg 2%的尿素加0.3%的磷酸二氢钾溶液，可以防止植株早衰，延长花荚期，结荚多，籽粒饱满，可增产10%~15%。在花荚期叶面喷洒0.05%的钼酸铵、硫酸锌等微量元素，一般可增产7%~14%。

三、选用良种

因地制宜地选用高产、优质、抗病、抗逆性能强、丰产性状好的品种。根据地方特点选用地方优良品种。要确保种子质量，一般要求种子纯度不低于96%，发芽率不低于85%，净度不低于98%，水分不高于13%。

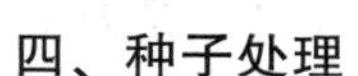

四、种子处理

（一）晒种、选种

在播种前选择晴天，将种子薄薄摊在席子上，晒 1～2 天，要勤翻动，使之晒匀，切勿直接放在水泥地上暴晒。选种，可利用风选、水选、机械或人工挑选，清除秕粒、小粒、杂粒、病虫粒和杂物，选留饱满大粒。

（二）处理硬实种子

一般绿豆中有 10%的硬实种子，有的高达 20%～30%。这种种籽粒小，吸水力差，不易发芽。播前对这类种子处理方法有 3 种：一是采用机械摩擦处理，将种皮磨破；二是低温处理，低温冷冻可使种皮发生裂痕；三是用密度 1.84g/cm^3 浓硫酸处理种子，种皮被腐蚀后易于吸水萌发，注意处理后立即用清水冲洗至无酸性反应。以上 3 种处理法，都能提高种子发芽率到 90%左右。

（三）拌　种

在播种前用钼酸铵等拌种或用根瘤菌接种。一般每亩用 30～100g 根瘤菌接种，或用 3g 钼酸铵拌种，或用种量 3%的增产菌拌种，或用 1%的磷酸二氢钾拌种，都可增产 10%左右。

五、播种技术

（一）播种方法

绿豆的播种方法有条播、穴播和撒播，以条播为多。条播时要防止覆土过深，下种要均匀；撒播时要做到撒种均匀一致，以利于田间管理。

（二）播种时期

绿豆生育期短，播种适期长，但要防止过早或过晚播种，以免影响绿豆的生长发育和产量。一般 5cm 处地温稳定在 14℃即可播种。春播在4月下旬、5月上旬，夏播在6月至7月。北方适播期短，春播区从5月初至5月底；夏播区在6月上、中旬，前茬收后应尽量早播。个别地区最晚可延至8月初播种。

（三）播量、播深

播量要根据品种特性、气候条件和土壤肥力，因地制宜。一般下种量要保证在留苗数的2倍以上。如土质好而平整，墒足，小粒型品种，播量要少些；反之可适当增加播量，在黏重土壤上要适当加大播量。适宜的播种量应掌握：条播每亩1.5~2kg，撒播每亩4kg。间套作绿豆应根据绿豆株行数而宜。播种深度以3~4cm为宜。墒情差的地块，播深至4~5cm；气温高浅播些；春天土壤水分蒸发快，气温较低，可稍深些，若墒情差，应轻轻镇压。

六、合理密植

适宜的种植密度是由品种特性、生长类型、土壤肥力和耕作制度来决定的。

（一）合理密植的原则

一般掌握早熟型密、晚熟型稀，直立型密、半蔓生和蔓生型稀，肥地稀、薄地密，早种稀、晚种密的原则。

（二）留苗密度

各种类型的适宜密度为：直立型品种，每亩留苗以0.8万~1.5万株为宜；半蔓生型品种，每亩以0.7万~1.2万株为宜；蔓生型品种，每亩留苗以0.6万~1万株为宜。一般高肥水地块每亩留苗0.7万~0.9万株，中肥水地块留苗0.9万~1.3万株，瘠薄地块留苗1.3万~1.5万株。间作、套作地块根据各地种植形式调整密度。

七、田间管理

（一）播后镇压

对播种时墒情较差、坷垃较多和沙性土壤地块，播后应及时镇压。做到随种随压，减少土壤空隙和水分蒸发。

（二）间苗定苗

在查苗补苗的基础上及时间苗定苗。一般在第一片复叶展开后间苗，第二片复叶展开后定苗。去弱、病、小苗，留大苗壮苗，实行留单株苗，以利植株根系生长。

（三）中耕培土

播种后遇雨地面板结，应及时中耕除草，在开花封垄前中耕3次。结合间苗进行一次浅锄；结合定苗进行二次中耕；到分枝期进行第三次深中耕，并结合培土，培土不宜过高，以10cm左右为宜。

（四）适量追肥

绿豆幼苗从土壤中获取养分能力差，应追施适量苗肥，一般每亩追尿素2~3kg，追肥应结合浇水或降雨时进行。在绿豆生长后期可以进行叶面喷肥，延长叶片功能期，提高绿豆产量。根据绿豆的生长情况，全生育期可以喷肥2~3次，一般第一次喷肥在现蕾期，第二次喷肥在第一批果荚采摘后，第三次在第二批荚果采摘后进行。一般喷肥根据植株生长情况，喷施磷酸二氢钾和尿素。

（五）适时灌水

绿豆苗期耐旱，三叶期以后需水量增加，现蕾期为需水临界期，花荚期达需水高峰。绿豆生长期间，如遇干旱应适时灌水。有水浇条件的地块可在开花前浇1次，以增加结荚数和单荚粒数；结荚期再浇1次，以增加粒重。缺水地块应集中在盛花期浇水1次。另外，绿豆不耐涝，怕水淹，应注意防水排涝。

（六）人工打顶

绿豆打顶摘心是利用破坏顶端优势的生长规律，把光合产物由主要用于营养生长转变为主要用于生殖生长，增加经济产量。据试验，绿豆在高肥水条件下进行人工打顶，可控制植株徒长，降低植株高度，增加分枝数和有效结荚数。但在旱薄地上不宜推广打顶措施。

八、适期收获

绿豆有分期开花、结实、成熟的特性，有的品种易炸荚，因此要适时收摘。过早或过晚，都会降低品质和产量。应掌握在绿豆植株上有60%~70%的荚成熟后，开始采摘，以后每隔7天左右摘收一次。采摘时间应在早晨或傍晚时进行，以防豆荚炸裂。采摘时要避免损伤绿豆茎叶、分枝、幼蕾和花荚。采收下的绿豆应及时运到场院晾晒、脱粒。

九、储　藏

绿豆在储藏期间一定要严格把握种子湿度，入库的种子水分要控制在13%以下，否则有可能因湿度太大引起霉烂变质，失去发芽能力。储藏的方法很多，有袋装法、囤存法、散装法，不论采用哪种方法，都应做好细致的保管工作，经常检查种子温度、湿度和虫害情况。如果种子湿度太高，就应搬出晾晒，降低水分。如果发现有绿豆象为害，可采用如下方法防治。

（1）在储藏的绿豆表面覆盖15~20cm草木灰，可防止脱粒后的绿豆象成虫在储豆表面产卵，处理40天，防效可达100%。

（2）绿豆存量较小的储户可采用沸水法杀虫。将绿豆放入沸水中停20秒，捞出晒干，杀死率100%，且不影响发芽。

（3）用磷化铝熏蒸。每250kg绿豆用磷化铝片3.3g，装入小纱布袋内，塑料薄膜密封保存，埋入储豆中，防效达100%。

（4）马拉硫磷防治。将马拉硫磷原液用细土制成1%药粉，每50kg绿豆拌0.5kg药粉，然后密封保存，效果达100%。

（5）敌敌畏熏蒸法。每50kg绿豆用80%敌敌畏乳油5mL，盛入小瓶中，纱布扎口，放于储豆表层，外部密封保存，杀虫效果在95%以上。

第二节　绿豆病虫草害防治

一、绿豆主要病害与草害防治

（一）绿豆白粉病

1. 为害症状

白粉病是绿豆生长后期常发生的真菌性病害，主要为害叶片。发病初期下部叶片出现小白点，以后扩大向上部叶片发展。严重时，整个叶子布满白粉、变黄、干枯脱落。发病后期粉层加厚，叶子呈灰白色。

2. 发病规律

绿豆白粉病是由于囊菌亚门单丝壳菌属真菌引起的病害。病菌在植株残体上越冬。翌年春随风和气流传播侵染。在田间扩展蔓延。白粉病在温度22~26℃、相对湿度80%~88%时最易发病。在阴蔽、昼暖夜凉和多湿环境中发病最盛。

3. 防治方法

选用抗病优良品种，收获后将病残体埋入深土层。发病初期喷洒12.5%烯唑醇可湿性粉剂2 000~2 500倍液，或25%丙环唑乳油4 000倍液，或30%碱式硫酸铜悬浮剂300~400倍液，或25%粉锈宁2 000倍液，或75%百菌清500~600倍液，对控制病害发生和蔓延有明显效果。

（二）绿豆锈病

1. 为害症状

主要为害叶片，严重时发展到茎、豆荚等部位。发病初期在叶片上产生黄白色突起小斑点，以后扩大并变成暗红褐色圆形疱斑。到绿豆生长后期，在茎、叶、叶柄、豆荚上长出黑褐色粉末。发病严重时，茎叶提早枯死，造成减产。

2. 发病规律

由担子菌亚门单孢锈菌属真菌侵染引起的病害。冬孢子病在土壤的植物病残体上越冬，翌年侵入为害，在 7—8 月病害流行。夏孢子侵入为害的适温为 15～24℃，遇高温多湿发病较重，低洼地和密度大的地块则发病重。

3. 防治方法

实行轮作，合理密植，增施有机肥，加强田间管理。发病初期用 25%丙环唑乳油 2 000 倍液，或 25%的粉锈宁 2 000 倍液，40%氟硅唑乳油 8 000 倍液，50%百菌清 500 倍液进行喷洒。

（三）绿豆炭疽病

1. 症　状

在整个生育期均可发病，为害叶、茎、荚和粒。幼苗子叶产生红褐色或黑色圆斑，凹陷成溃疡状，重时枯死。成株叶片产生多角形小条斑，初为红褐色，后变为黑色，重时病斑裂开或穿孔，叶畸形萎缩而枯死。柄和茎产生褐锈色条斑，凹陷，龟裂。荚产生黑褐色圆形或长圆形斑，稍凹陷，边缘有深红色晕环，湿度大时，溢出粉红色黏稠物。种子上病斑为黄褐色或黑褐色不定形凹陷斑。

2. 病　原

绿豆炭疽病菌，属半知菌亚门，黑盘孢目，豆刺盘孢属真菌。分生孢子盘黑色，初生寄主表皮下，后期破表皮露出，圆形或近圆形。盘上密生分生孢子梗、分生孢子和散生黑褐色刚毛，

针状。分生孢子梗无色，单胞，短杆状。孢子无色，单胞，圆形或卵圆形，两端较圆或一端稍狭，孢子内含1~2个透明的油滴。病菌生育温度6~30℃。寄主有菜豆（芸豆）、豇豆、绿豆、豌豆、扁豆、蚕豆等。

3. 发病规律

病菌主要以休眠菌丝在病残体、潜伏在种子内和附在种子上越冬。病种子可直接为害子叶和幼茎。分生孢子借风雨、流水、昆虫传播。病菌从寄主表皮直接侵入或伤口侵入，潜育期4~7天。发病最适温度为17℃，相对湿度100%，温度高于27℃，湿度低于92%，很少发病。低于13℃病害停止发生。此外，地势低洼、土壤黏重、连作、种植过密，以及多雨、多雾、多露等冷凉多湿天气发病重。

4. 防治方法

（1）实行3年以上轮作。

（2）从无病田或无病株上留种并进行粒选。

（3）种子处理。用50%多菌灵或50%福美双可湿性粉剂按种子重的0.4%拌种。

（4）加强栽培管理。适期播种，以10cm地温在10℃以上播种为宜。播深不超过5cm。密度不要过大。

（5）生物防治。发病初期喷洒2%农抗120水剂200倍液，或1%农抗武夷菌素水剂200倍液，每隔5~7天喷一次，连续喷洒2~3次。

（6）化学防治。用75%百菌清或70%甲基硫菌灵或50%多菌灵可湿性粉剂1.5kg/hm^2。每隔5~7天喷一次，连续喷洒2~3次。

（四）菟丝子

菟丝子可为害多种植物，造成不同程度减产。

1. 症　状

菟丝子是一种全寄生性种子植物，不生根和叶片退化，仅有黄色纤细的茎，缠绕在豆茎上，以吸盘伸入茎内吸收营养和水分，使豆株生长不良，表现黄化、瘦弱，叶被缠绕不能展开，茎被缠绕使分枝间接近，不能向外伸展。从而影响植株正常结实以至于不能结实。

2. 病　原

我国主要有中国菟丝子和欧洲菟丝子。东北地区主要是中国菟丝子。菟丝子为一年生寄生性种子植物，属旋花科菟丝子亚科菟丝子属植物。

3. 发生规律

在土深1cm以内越冬后的菟丝子种子，春季遇到适宜的土壤温、湿度条件，即可陆续发芽。幼苗浅黄线状，尖端旋转寻找寄主。缠上寄主后，在接触部位产生吸器穿入寄主组织。然后菟丝子基部枯断，开始营全寄生生活。菟丝子出苗后10天未遇到寄主就自行死亡。每株菟丝子可缠绕多个豆株。每株菟丝子在秋季可结几千粒以上种子。

4. 防治方法

（1）严格实行检疫。

（2）清选种子，清除菟丝子种球和种子。

（3）实行轮作与深翻。

（4）早期拔出病株。

（5）药剂防治。用48%地乐胺乳油3.0L/hm^2，对水喷雾。使用方法为播前土壤施药，随喷随混土，混土5~7cm，或播后苗前土壤施药，然后要浅混土2~3cm。如果点片发生，可用48%地乐胺乳油150~200倍液，人工喷雾于被寄生的豆株上，或地面喷药452.5L/hm^2。

二、绿豆主要虫害防治

（一）蛴　螬

1. 为害症状

蛴螬是金龟子的幼虫，俗称“白地蚕”。主要有东北大黑金龟子和华北大黑鳃金龟子，为害最重。蛴螬为杂食性害虫，幼虫能咬断绿豆的根、茎，使幼苗枯萎死亡，造成缺苗断垄；成虫可取食叶片。

2. 发病规律

蛴螬的发生和为害与温度、湿度等环境条件有关，最适宜的温度是10~18℃。温度过高或过低则停止活动，春秋两季为害最重；连阴雨天气，土壤湿度较大，发生严重。

3. 防治方法

（1）药剂拌种。用50%辛硫磷，按药、水、种子量1∶40∶500比例拌种，拌种后堆闷3~4小时，待种子吸干药液再播种。

（2）药剂防治。蛴螬1龄期，每亩用呋喃丹颗粒剂2.5kg，撒在绿豆根部，结合除草培土埋入根部；或用50%辛硫磷乳油0.25kg加水2 000 kg，灌绿豆根；或向地里撒配制好的毒谷或毒土。每亩用干谷0.5~0.75kg煮至半熟，捞出晾干后拌入2.5%的敌百虫粉0.3~0.45kg，沟施或穴施，可于播种前撒在播种沟内。

（二）小地老虎

1. 为害症状

小地老虎俗称切根虫、地蚕，食性杂。幼龄幼虫常群集在幼苗的心叶或叶背上取食，常把叶片吃成网孔状，3龄以后的幼虫则将幼苗从近地面嫩茎咬断，拖入洞中，上部叶片露在穴外，造成缺苗断垄。

2. 发生规律

小地老虎3龄前，群集为害绿豆幼苗的生长点和嫩叶，4龄以后幼虫分散为害，昼伏夜出咬食幼茎。成虫活动最适温度为11~22℃，而幼虫喜湿。前茬作物绿肥或菜地发生较多，低洼地、地下水位高的地块为害较重。

3. 防治方法

（1）农业措施。耕翻土地，清除杂草，诱杀成虫和幼虫。

（2）药剂防治。

① 喷药：在幼虫3龄前用90%敌百虫1 000倍液，或2. 5%溴氰菊酯300倍液，或20%的蔬果磷3 000倍液喷洒。

② 毒饵：用90%敌百虫晶体150g，加适量水配成药液，再拌入炒麦麸5kg制成毒饵，傍晚撒入田间幼茎处，每亩撒毒饵2~3g。

③ 灌根：用90%敌百虫晶体1 000倍液，或50%辛硫磷乳剂1 500倍液，顺行浇灌，每株不超过250mL药液。

（三）蚜　虫

1. 为害症状

为害绿豆的蚜虫主要有豆蚜、豌豆蚜、棉长管蚜等，其中以豆蚜为害最重。豆蚜又名花生蚜、苜蓿蚜。蚜虫为害绿豆时，成、若蚜群聚在绿豆的嫩茎、幼芽、顶端心叶，在嫩叶背面、花器及嫩荚处吸取汁液。绿豆受害后，叶片卷缩，植株矮小，影响开花结实。一般可减产20%~30%，重者达50%~60%。

2. 发生规律

蚜虫1年发生20多代，在向阳地堰、杂草中越冬，少量以卵越冬。蚜虫繁殖与豆苗和温湿度密切相关，一般苗期重，中后期较轻。温度高于25℃、相对湿度60%~80%时发生严重。

3. 防治方法

（1）撒毒土。用2. 5%敌百虫粉或1. 5%乐果粉0. 5kg，对细

沙 10～20kg 调制成毒土，每亩撒 50kg。在早上或傍晚时将药撒入绿豆植株基部。

（2）喷药。用 1.5%乐果粉，或 2.5%敌百虫粉等，于早上或傍晚每亩喷药 2kg。也可用 40%乐果乳剂 500～1 000倍液，或 50%马拉硫磷 100 倍液。

（3）天敌。绿豆生长后期，天敌数量较大，瓢虫、食蚜蝇、草蛉、蚜茧蜂，天敌、豆蚜比为 1：（79～131）能有效控制豆蚜。

（四）红蜘蛛

1. 为害症状

在绿豆上常发生的红蜘蛛是朱砂叶螨，又名棉红蜘蛛，俗称大蜘蛛。红蜘蛛以成虫和若虫在叶片背面吸食植物汁液。一般先从下部叶片发生，逐渐向上蔓延。受害叶片表面呈现黄白色斑点，严重时叶片变黄干枯，田间呈火烧状，植株提早落叶，影响籽粒形成，导致减产。

2. 发生规律

红蜘蛛一年发生 10～20 代，北方是雌成虫集聚在土缝或田边杂草根部越冬，翌春开始活动并取食繁殖，4—5 月为害绿豆。红蜘蛛发生的最适温度为 29～31℃，相对湿度 35%～55%。一般在 5 月底到 7 月底发生，高温低湿为害严重，干旱年份危害严重。

3. 防治方法

主要采用药物防治。1.8%阿维菌素乳油每亩 20～30mL 喷雾，48%毒死蜱乳油每亩 100mL 喷雾防治；或 73%克螨特每亩 40～70mL。田间喷药最好选择晴天下午 4 时以后进行，重点喷施绿豆叶片的背面。喷药时要做到均匀周到，叶片正、背面均应喷到，才能收到良好的防治效果。

第九章　豇豆优质高产栽培技术

第一节　豇豆栽培技术

一、整　地

（一）豇豆对耕地的要求

豇豆对土壤适应性较强。一般排水良好、土质疏松的各类土壤都能种植，但以排水良好、能保持适当水分的沙质壤土最好。豇豆不耐盐，适度耐酸，适宜土壤 pH 值 5.5～6.5。豇豆病虫较多，忌重茬。连作时由于噬菌体的繁衍，抑制根瘤菌发育，病虫害加剧，致使产量降低。因此，种植豇豆的地块应选前 2～3 年没有种过同科作物的地块。

（二）精细整地

豇豆根系入土很深，主根可深入地下 60～90cm，支根多，大多数水平伸展在地表 45～50cm 的土层内。要求耕层浓厚，有利于根系发育。播种前要深耕土地。前茬地如果是空的地块，可在头年秋季深翻，经过春冬晒垡、冻垡使土壤结构疏松。播种前再浅耕，耙地，平整作畦。前茬作物头年未收获的地块，等收获完前茬作物后，立即清理茬口及枯枝烂叶，及时翻耕，耕深 20cm 以上。耕后耙平，开出小畦与排水沟，旱能灌，涝能排。我国北方雨水偏少，在土层深厚、疏松地块可作低畦或平畦，直播。南方雨水偏多，土壤较板结地块宜作高畦播种，以利排水。

二、播　种

（一）播前准备

豇豆在播种前必须精选种子。选择籽粒大、饱满、色泽好、无病虫害、无损伤、具有本品种特征的种子，播前选晴天晒种2~3天，以促进种子的后熟作用和酶的活化，提高发芽势和发芽率，还可杀虫灭菌，减轻病虫害发生。尤其在地温较低时播种，具有防止烂种、缺苗的作用。晒种温度不宜过高，一般控制在25~40℃。豇豆一般可浸种但不催芽。先用55~60℃温水浸种，边浸边搅拌种子，待水温降到30℃左右停止搅拌，浸泡到种子吸水量达种子重量的50%，种子吸水膨胀无皱缩时，即可播种。也可用30~35℃温水浸种3~4小时或用冷水浸10~12小时，稍凉后即可播种。但地温低、土壤过湿地块，不宜采用此法。

（二）播种期和播种量

豇豆喜温耐热，不耐低温或霜冻，播种太早，地温低，种子发芽慢，一经阴雨，多致腐烂，即使发芽，幼苗易受霜冻。所以，大田直播的豇豆播种适期必须在晚霜停止后，土壤地温稳定在10℃以上时播种，在无霜期内栽培。南方春、夏、秋播皆可，多在4—7月播种。如长江流域豇豆的春播适期在4月中旬至下旬，夏播在5月上旬至6月中旬，秋播在7月下旬至8月上旬。生产上以春、夏播为主。北方一般在晚春早夏播种豇豆，此时正处气温、地温迅速回升的5月，播种后环境适宜，出苗快，出苗整齐一致，而且早春玉米等作物已种完，人力较缓和，又不影响前后茬播种，经济效益高。夏播的播种期已到6月中下旬，适宜生长发育的时间短，影响产量。过去豇豆多采用直播，近几年来长豇豆实行育苗移栽法，将苗期安排在保护地生长。不仅可早播、早收、提早供应市场，还可保证全苗壮苗，促进开花结荚。试验证明，育苗移栽比直播能提高产量27.8%~34.2%。如果将直播改为育苗移栽，可将豇豆的播种期提早 15～25 天播种。豇豆播种一般每公顷用种量 30～45kg，作饲料或绿肥用可增至 75kg 以上。育苗移栽每公顷用种量 22.5～30kg。

(三) 播种方法

1. 条　播

即机器或人工按一定的行距开播种沟，将种子均匀撒在播种沟内。

2. 点　播

按规定的行株距开穴，每穴播种 3～5 粒，最后留苗 1～2 株。

3. 撒　播

将种子均匀地撒到地里，覆土 2～3cm 即可。

收获种子的普通豇豆和菜用的长豇豆多用条播和点播，用作饲料或绿肥的可撒播。播种深度以 4～6cm 为宜。育苗移栽的可采用 5cm×5cm 塑料钵或纸钵，逐钵盛好营养土，每钵播种 2～3 粒，深 1～1.2cm，播后浇水增湿，盖上塑料薄膜，保湿保温。加强通风换气，防高温高湿徒长，培育壮苗。

三、种植密度和种植方式

(一) 种植密度

豇豆生长势较强，分枝多，营养面积较大，一般每公顷 7.5 万～15 万株。行距一般 40～80cm，株距 10～33.3cm。具体播种密度因品种、地区及不同播种期、利用目的而异。早熟品种、直立型品种或瘠薄地种植宜密，晚熟品种或肥沃地种植宜稀；早播宜稀，迟播宜密。长豇豆常采用行距 60cm，株距 27～33cm，每穴留苗 2～3 株。陕西跃县长豇豆丰产田株距 20cm，每穴留苗 2 株，每公顷保苗数 16.7 万株。

(二) 种植方式

豇豆喜光耐阴，叶片光合能力强，既可单作，也可套种间作

或混种。普通豇豆常与玉米、高粱、谷子、甘薯等作物间作套种，也可种在果树、林木苗圃行间、田埂、地头、垄沟及宅旁隙地。还可于早稻、小麦或其他禾谷类作物收获后复种，如山西省普通豇豆多为麦后复种。

菜用长豇豆多在田园条件下种植。我国北方多为平畦栽培，畦宽 1.2~1.5m。南方为高畦，畦宽 1.5~1.8m（包括沟），沟深 25~30cm，以利于排水，每畦内种植 2 行，便于插架采收。长豇豆也可与大蒜、早甘蓝及多种瓜菜间套作，还可与夏玉米进行多种形式的间作。

四、施　肥

（一）肥料要求和施肥原则

豇豆一生所需氮素大部分可由自生根瘤菌供给。因此，豇豆的施肥原则应以基肥为主，追肥为辅。肥料种类来看，以磷肥最多，钾肥次之，氮肥最少。苗期绝对不可施肥过多，否则会造成茎叶徒长，推迟植株开花结荚。开花结荚以后，豇豆根瘤菌活动旺盛，固氮能力较强，增施一些磷、钾肥，尤其是磷肥，能满足植株的需要，促使植株生长健壮和开花多，结实饱满。但对于沙质土壤，因为保肥水能力弱，宜勤施少施，防止一次施肥过多，肥水渗入土壤深处或者流失，达不到施肥增产目的。

（二）施肥时期和施肥方法

1. 施足基肥

在播种前结合整地，施足基肥。一般每公顷施 30 000~60 000 kg 腐熟有机厩肥，并混施 450~750kg 过磷酸钙。长豇豆丰产田每公顷施腐熟优质肥 75 000~150 000 kg。

2. 苗期轻追肥

苗期以控为主，肥水管理宜轻。如果底肥施得少，地力较薄，幼苗长得弱，可施少量氮肥（每公顷 300kg 左右），促使幼苗生长。

3. 花荚期及时勤追肥

一般在现蕾时、开花前结合浇水施一次腐熟稀薄人粪尿或复合肥料，促使花蕾多而肥大。开花结荚以后，植株对养分和水分的需要剧烈增加，为弥补基肥不足，可根据苗情与地情，追施2~3次肥水，以不断满足植株结荚的需要。尤其菜用长豇豆，当植株进入嫩荚采收时期，消耗肥水最多，此时就应重施与勤施追肥，1~2水加施一次追肥，为植株及时补充营养，延长采收期，提高产量。为防止早衰，延长结荚期，还可喷1~2次0.3%磷酸二氢钾。

五、田间管理

（一）查苗、补苗，及时间苗、定苗

豇豆在播种后一般5~7天开始出苗。出苗期间应经常检查苗情，及时补苗。一般在2~4叶时间苗、定苗，间除多余杂苗、弱苗、病苗，避免过多消耗土壤养分。保证田间合理密度，使植株间通风透光，防止病虫害滋长，确保齐苗壮苗。

（二）中耕除草

豇豆行距较大，生长初期行间易生杂草，雨后地表易板结，对植株生长不利，从出苗至开花需中耕除草2~4次，以便清除杂草，提温保墒，促进根系发育，控制茎叶徒长。如果与其他作物间作，结合主栽作物田间管理，进行中耕除草。

（三）浇水与排涝

豇豆从播种后至齐苗前不浇水，以防地温降低，增大湿度而造成烂种。育苗移栽的可在定植后浇少量定根水，以利营养纸筒或营养土块与土壤充分密接，利于缓苗。生长前期基本不浇水或少浇水。在持续高温干旱、土壤水分严重不足情况下可适当浇水，促进植株根系与茎叶同时生长。进入开花、结荚期的生长后

期，豇豆要求有较高的土壤湿度和稍大的空气相对湿度，如果这时久旱不雨，又遇上干燥的冷风，容易引起落花、落荚，要给豇豆适时适量浇水。浇水以沟灌为宜，水量适当，不能大水漫灌，以保持土壤见湿见干为准。尤其长豇豆进入结荚盛期要勤灌水，经常保持土壤湿润，并隔1~2水追一次肥，以促进生长，增加花荚。如果遇上连续阴雨天气，空气相对湿度、土壤水分过大，不利根系生长和吸收，也不利于根瘤菌活动，容量引起落花落荚或烂根，这时应及时排水，做到雨过地干，地表不积水。

（四）搭　架

豇豆多蔓生。蔓生品种单作时在甩蔓期（即播种后1个月左右）需搭架或利用高秆作物作支架。搭架以人字架为好，受光较均匀。抽蔓后及时引蔓上架，使茎蔓均匀分布架杆上，防止互相缠叠，通风透光不良。雨后或早晨蔓叶组织内水分充足，容量脆断，引蔓宜在晴天下午进行。引蔓时按反时针方向往架杆上缠绕，帮助茎蔓缠绕向上生长。现已选育出一些矮秆直立早熟新品种（系），如普通豇豆品种中豇1号等，株高50cm以下，栽培不用搭架。

（五）整枝与打顶

为了调节营养生长，促进开花结荚，长豇豆大面积单作时可采取整枝打顶措施。

1. 抹侧芽

将主茎第一花序以下的侧芽全部抹去，以保证主蔓粗壮。

2. 打腰杈

主茎第一花序以上各节位上的侧枝都应在早期留2~3叶摘心，促进侧枝上形成第一花序。第一盛果期后在距植株顶部60~100cm处的原开花节位上，还会再生侧枝，也应摘心保留荚侧花序。

3. 摘　心

主蔓长 15~20 节，达 2~2.3m 高时摘心，促进下部枝侧花芽形成。

第二节　豇豆病虫害防治

一、豇豆主要病害防治

（一）豇豆病毒病

豇豆病毒病是发生较普通且严重的病害。常见的有豇豆花叶病与豇豆黄花病。主要病毒原是豇豆蚜传花叶病毒和黄瓜花叶病毒。受害叶显黄斑叶、黄绿相间与深绿相间花斑、畸形，严重的植株矮小，甚至不能开花以至死亡。

防治方法：建立无病留种田，选用抗病品种，精选种子，培育壮苗，提高植株本身的抗病能力；实行轮作，避免重茬种植，加强肥水管理，增施磷钾肥；病株、病叶及时清除烧毁，减少病原；发病之前或始期采用 50%多菌灵可湿性粉剂 500~800 倍液防治真菌病害；发现蚜虫及时喷 40%乐果乳油 1 000 倍液或 80%敌敌畏乳油 1 000~1 500 倍液，重点喷叶背面，消灭病毒源。病毒病发生后，多给些肥水，并喷洒 0.1%~0.5%磷酸二氢钾，可减缓损失。

（二）豇豆煤霉病

豇豆煤霉病又称叶霉病或叶斑病，是近年发生较严重的叶部病害。初期叶片发生赤、紫褐色小点，扩大呈近圆形病斑，潮湿时叶背面产生灰黑色霉菌，致使叶片变小、落叶、结荚减少。

防治方法：加强田间管理，合理密植，使田间通风透光，防止湿度过大，增施磷钾肥，提高植株抗病力，发病初期摘除病叶，收获后清洁田间，减轻病害蔓延。药剂防治可用 25%多菌灵

可湿性粉剂 400 倍液或 75%百菌清可湿性粉剂 600 倍液、65%代森锌可湿性粉剂 500 倍液，每 10 天一次，连续 2~3 次。

(三) 豇豆锈病

豇豆锈病主要为害叶片，重者叶柄和种荚也被害。开始叶背产生淡黄色小斑点逐渐变褐，隆起呈小脓疮状，后扩大成夏孢子堆，表皮破裂后，散出红褐色粉末，即夏孢子，后期形成黑色冬孢子堆，致使叶片变形、早落。

防治方法：选用抗病品种，发病初期喷洒 15%三唑酮可湿性粉剂 1 000~1 500 倍液或 50%萎锈灵乳油 800 倍液，10~15 天一次，连喷 2~3 次，可控制此病发生。

(四) 豇豆白粉病

豇豆白粉病以为害叶片为主，也为害蔓和荚。开始在叶背出现黄褐色斑点，后扩大呈紫褐色斑，上覆一层稀薄白粉，叶斑沿脉发展，白粉布满全叶，引起大量落叶。此病在南方普遍发生。

防治方法：选用抗病品种，收获后及时清除病残株，集中烧毁或深埋。发病初期喷洒 30%固体石硫合剂 150 倍液或 50%硫黄悬浮液 300 倍，7~10 天喷一次，连续 3~4 次。

(五) 豇豆枯萎病

苗期主要病害。引起根茎腐烂，植株萎蔫。主要防治方法是采用轮作，拔除病株，加强田间管理。

二、豇豆主要害虫防治

(一) 小地老虎

小地老虎又名地蚕，是为害幼苗的主要害虫。幼虫在表土层或地表为害，3 龄前幼虫啃食幼苗叶片成网孔状，4 龄后咬断幼苗嫩茎，造成缺苗断垄和大量幼苗死亡。一年发生数代，以蛹或成熟幼虫在土中越冬，4 月中下旬为成虫产卵盛期，5 月上中旬为第一代幼虫发生盛期。1~2 龄幼虫大多集中在心叶或嫩叶上，啃食叶肉留下表皮，3 龄后，白天躲在表土下，夜间出来为害，天刚亮露水多时为害最凶，咬断嫩茎尖。地势低洼、耕作粗放、杂草多的地方发生严重。

防治方法：早春铲除杂草，减少小地老虎产卵场所及食物来源。将 5kg 麦麸炒香拌入敌百虫 10 倍热溶液，毒饵诱杀 4 龄以下幼虫。小地老虎暴食初期，用 2.5%敌杀死乳油或 20%速灭杀丁乳油 2 500 倍液喷洒植株基部及四周，效果较好。也可结合人工捉杀幼虫。

（二）豆野螟（豆荚螟）

豆野螟，也称豆荚野螟或豇豆钻心虫。现蕾前主要为害叶片，以后钻入花冠及幼荚蛀食为害。造成花蕾与荚脱落。蛀食后产生蛀孔，并产生粪便引起豆荚腐烂，严重影响豇豆产量和品质。

防治方法：在豇豆开花期发现幼虫立即用 10%氯氰菊酯乳油或 50%杀螟松乳剂、25%敌百虫粉剂或 80%敌敌畏乳油 1 000 倍喷杀，隔 7~10 天一次，连续喷 2~3 次。选用早熟品种，实行与粮食作物间作，保持田间一定湿度，可减轻为害。

（三）蚜　虫

蚜虫是豇豆主要虫害，又是豇豆病毒病主要传毒媒介之一。在幼苗期至整个生长发育期均可为害。蚜虫多集居叶背面及花芽、嫩荚等植株的幼嫩顶部为害，使叶片卷缩、发黄，植株矮小，影响开花结荚。

防治方法：在蚜虫发生初期，用 40%乐果乳油或抗蚜威 800 倍液、50%敌敌畏乳油 1 000 倍液、敌杀死乳剂 2 000~3 000 倍液，重点喷叶背面，隔 7~10 天喷一次，连续喷 2~3 次。

（四）红蜘蛛

红蜘蛛又名火龙，以成虫和幼虫群集叶背面吸食汁液。叶片被害后逐渐变成红黄色，似火烧，最后脱落，果实干瘪，植株变

黄枯焦。红蜘蛛繁殖快，能很快造成毁灭性危害，要及早制止其蔓延。

防治方法：用 90% 敌百虫 800~1 000 倍液、40% 乐果乳油 1 000~1 500 倍液等，交替喷杀。重点喷杀叶背面，连续喷 2~3 次。

（五）豆　象

豇豆最严重的害虫。成虫在嫩荚上产卵，卵孵化后幼虫蛀食种子为害，使籽粒蛀成空壳，不能食用，严重影响种子发芽及商品质量。

防治方法：花期喷杀虫剂，收获籽粒晒干后，采用药剂熏蒸。一般以磷化铝或氯化苦等熏蒸豆粒和贮藏库，可杀虫兼杀卵。施药时注意安全。有的地方采用沸水浸烫、石灰缸或密封贮藏等方法，也可达到一定的防治效果。以利后期荚果正常发育。

采收嫩荚宜在傍晚进行，严格掌握采收标准，可保证每次采收的荚果粗细一致，提高商品价值。收干籽粒的普通豇豆，应掌握在当田间果荚有 3/4 变黄成熟时为适宜的收获期，及时采摘，晒干脱粒，清选后即可保存。保存期间注意防治豆象。

豇豆留种一般不另设采种田，在生产田内选具有本品种标准性状的健壮无病植株作种株，选其中下部大小一致的荚果作种，待种荚变黄采摘，然后干燥脱粒，清选和灭虫处理（熏杀豆象）后留作种用。

第十章　豌豆优质高产栽培技术

第一节　豌豆栽培技术

一、综合高产栽培技术

1. 播前准备

豌豆忌连作，应与马铃薯等作物倒茬。豌豆根在食用豆类作物中相对较弱，根群较小。播前需要适当深耕细耙，以利于根系发育，使豌豆出苗整齐、健壮，增强抗逆能力。豌豆种子在播前首先要进行精选。掌握如下标准。

（1）剔除病、虫、破粒，减少病虫侵染的可能性。

（2）剔除小粒、秕粒，提高种子的整齐度，确保出苗整齐一致。

（3）淘汰混杂粒、异色粒，提高种子的纯度。量少时可采用手工粒选，剔除不合标准的种子；量大时应采用筛选或30%的盐水选种。

在初次种植豌豆或有几年未种豌豆的地块播种时，如果有条件，播种前用豌豆根瘤菌制剂拌种，然后播种有明显的增产效果，而且种子成熟度较为一致，籽粒较大，种子蛋白质含量也增加10%~30%。此外，豌豆接种根瘤菌还能使其后茬作物增产。

2. 播　种

随气候条件不同，豌豆在我国有春播和秋播之分，冀北地区主要是以一年生豌豆种植为主，属春播类型。在不受霜冻的前提下尽量早播，以争取更长的适宜生长季节。播种方式有条播、点播或撒播，冀西北以条播为主，行距一般25~40cm，播种量一般5~15kg/亩（矮生早熟品种播量宜稍多些），种植密度在1万~4万株/亩。播种深度5cm左右，干旱时适当加深，播后覆土镇压。

3. 田间管理

豌豆一般不疏苗定苗，但幼苗易受草害，需中耕锄草2~3次。一般在苗高5~7cm时进行第一次中耕，株高10~15cm时进行第二次中耕，并进行培土。第三次中耕要根据豌豆生长和杂草生长情况灵活掌握。后期茎叶繁茂，中耕容易损伤植株，在杂草多时宜人工拔除。

豌豆耐旱性较差，播种后如遇干旱应及时灌水，以利于种子发芽、出苗。在生长期间要注意灌水，保持土壤湿润。在开花结荚期需水较多，应保证鼓荚灌浆期对水分的需要。豌豆一生直接吸收利用的水分相当于100~150mm的降水或灌溉量。浇灌方法宜采用细流沟灌。豌豆不耐涝，在多雨季节应做好排水防涝防渍工作。

4. 收获与贮藏

豌豆荚从下而上逐渐成熟，持续时间多达50多天，收取籽粒宜在荚变枯黄时，将植株连根拔起或从基部割下，干燥后脱粒。蔬菜用豌豆的采收应分次进行，掌握在荚果充分膨大而柔软多汁时采收为佳，这时籽粒内部蔗糖含量最高，味鲜、甜。

豌豆脱粒后，应及时晒干或机械干燥，直到籽粒水分含量降到13%以下，才有利于安全贮藏。

二、豌豆苗无土立体栽培技术要点

1. 生产条件

冬春季节可在日光温室及有供暖设施的室内生产。炎夏采用遮阳、空中喷雾、强制通风和空调机调控等措施降温。生产场地温度要求白天在 20 ℃以上，夜晚不低于 16℃，催芽室温度保持 20~25℃。进行无土立体栽培，栽培架可用木材或角钢制作，根据生产场地及栽培苗盘尺寸设计，栽培架每层间距不小于 40cm，视场地空间，架子可设 4~5 层。栽培盘可采用标准轻质塑料育苗盘（60cm×25cm×5cm），也可以用木材或金属板制作，但要求盘底平整，有排水通气孔。栽培基质可选用洁净无毒、质轻、持水能力较强、使用后残留物容易处理的新闻纸。为满足芽苗蔬菜对水分的需要，在不同生长阶段分别采用喷雾器、喷枪或微喷装置进行定时喷雾或淋水。

2. 播　种

可选用叶大、生长较慢、不易老化的中豌 4 号或专用品种龙须豌豆，要注意选择发芽率高的新种子。

播前要对种子进行清洗，去除虫蛀、破残、霉烂、畸形、瘪烂的种子，选用具有本品种特征的种子，在 20~30℃的洁净清水中浸种（容器不能用金属制品），浸泡前把种子淘洗干净，浸泡 12 小时，此期间注意换 3 次清水，使之充分吸水、吸氧利于发芽。

经过浸泡的种子，即可进行播种，其操作程序是：先洗净苗盘，用过的苗盘须用清洗剂洗干净，晾晒干后再用。浸湿基质，然后在苗盘内铺两层新闻纸，撒播种子，播量为每盘 500g 干种子。播后将苗盘叠放整齐，每 5~10 盘一摞，最上层覆盖湿麻袋保湿。当种子出芽后，便可“出盘”，将叠摞的苗盘一层层平放在栽培架上，然后进行栽培管理。

3. 栽培管理

生长期间，为保持组织鲜嫩，可在苗盘上平挂遮阳网遮光，并要经常喷水保湿，保持纸床湿润而不存水。一般空气湿度保持在 80%~85%，每天喷雾或淋水 3~4 次，可依季节和具体情况增减。

4. 采收

正常情况下，经 10~15 天，苗高 10~12cm，顶端复叶展开时即可上市，每盘采收 400~500g。

采收后，豆粒还很硬实，若种根呈鲜白色，继续精心管理，还可以进行二次采收，由豌豆茎的叶腋处萌生 1~2 枝侧枝，经 10~15 天，又可长至 10~12cm，且质量比较好。

三、塑料日光温室豌豆苗栽培技术要点

1. 种子标准

选择发芽率在 95%以上，纯度 95%，净度 98%，种粒较大，芽苗生长速度快，粗壮，抗烂，抗病，产量高，纤维形成慢，品质柔嫩以及价格便宜，货源稳定、充足且无任何污染的新种子。

2. 种子的清选与浸种

（1）清选。用于生产豌豆苗的种子，应提前进行晒种和清洗，无论采用何种清选方法，都必须达到剔除虫蛀、破残、畸形、腐霉、特小粒种子和杂质的要求。

（2）浸种。用 20~30℃的洁净清水将种子淘洗 2~3 次，待干净后浸泡，水量须超过种子体积的 2~3 倍，浸种时间冬季 24 小时、夏季 20 小时，停止浸种后再淘洗种子 2~3 遍。

（3）播种与催芽。浸种后立即播种，播种量为每盘 400g（干籽），并将播完后的苗盘摞在一起，每 6 盘为一摞，上下放保湿盘，摞与摞之间要有 3~5cm 的间距。苗盘上再覆盖湿麻袋进行催芽。每天进行一次倒盘和浇水。其作业程序如下。

清洗苗盘、浸湿基质→苗盘内铺基质→撒播种子→叠盘催芽→进行催芽管理→完成催芽出盘（将苗盘分层放置于栽培架上）。

3. 出盘及出盘后管理

（1）出盘标准。当芽苗“站起”后（苗高1.0~2.0cm）即可出盘。

（2）光照管理。进入夏秋季节，必须用遮阳网进行遮阴。

（3）温度与通风管理。豌豆苗对温度条件的要求：上午温度上升到26~27℃开始放风，午后温度降至26~27℃关风口，当棚内最低温度小于15℃时及时加盖草苫。

（4）喷淋与空气湿度管理。冬季每天浇2次水，夏季每天浇3次水，以苗盘不滴水为准，温室内空气相对湿度在85%左右。

（5）品质要求。芽苗绿色，苗高10~15cm，整齐，顶部复叶始展开或已充分展开，无烂根、烂脖（茎基），无异味，茎端7~8cm，柔嫩未纤维化。

4. 农业生态防病措施

豌豆苗主要病害是烂根，防治方法如下。

① 选择抗烂的麻豌豆品种。

② 选择发芽率高的新种子并对生产用种进行严格清选。

③ 对生产容器进行清洗。

④ 加强生产管理，切忌浇水过量、温度过高或过低。

⑤ 及时将烂豆剔出。

⑥ 发现烂根后要及时扔掉。

第二节　豌豆病虫害防治

一、豌豆主要病害防治

豌豆病害是影响我国豌豆单产的重要因素之一。豌豆病害主要以预防为主。在河北地区主要豌豆病害有如下两种。

(一) 白粉病

此病在阴雨天后容易发生，病症初期叶片及茎秆产生白色粉霉斑，以后逐渐扩张，连成一片，白粉层可盖茎、叶乃至荚果。病叶变黄、发霉、脱落，导致植株部分或全部凋萎。荚果籽粒变小呈灰褐色，品质差。

防治方法：及时排水，施用草木灰或石灰。病害始发期前后可用25%粉锈宁可湿性粉剂2 000倍液、50%苯菌灵可湿性粉剂1 500倍液等喷雾。重病田隔7~10天再喷一次。

(二) 豌豆根腐病

此病属于真菌病害，病菌一般为害子叶连接处、上胚轴和下胚轴。为害初期，初生根和次生根形成浅红褐色条纹，根外观为暗红棕色，地平线处和种子带尤其明显。切开时可见子叶连接处和初生根的维管束系统褪成砖红色，但仅限于土壤线以下，而不向上发展。病重植株灰黄色，下部叶片枯死，植株矮小。

防治方法：合理轮作，提高土壤肥力，保持土壤水分以及良好的种子质量，均有利于减少病害的发生和发展。此外，杀菌剂处理种子也有一定的效果。

二、豌豆主要虫害防治

豌豆的害虫种类较多，比较严重的豌豆虫害有蚜虫、潜叶蝇等。

（一）豌豆蚜虫

豌豆蚜虫以成蚜、若蚜吸食叶片、嫩茎、花和嫩荚的汁液，为害豌豆嫩尖，严重时叮满植株各部，造成叶片卷缩、枯黄乃至全株枯死。

防治方法：可用吡虫啉10%可湿性粉剂，稀释2 500倍进行田间喷雾，有很好的防效；保护地可采用高温闷棚法：在5—6月作物收获以后，用塑料膜将棚室密闭4~5天，消灭其中虫源。要注意保护蚜虫的天敌。

（二）豌豆潜叶蝇

豌豆潜叶蝇幼虫取食叶片表皮下的叶肉，形成弯曲黄色的潜道，受害植株叶片枯白，严重时整株枯死。

防治方法：潜叶蝇成虫可采用毒饵诱杀；幼虫用索潜2.4%的可湿性粉剂，稀释至2 000~3 000倍液喷雾。

第十一章　扁豆优质高产栽培技术

第一节　扁豆栽培技术

一、综合高产栽培技术

1. 整　地

播前经过深耕翻、细耙耱和施基肥等措施，改良土壤的理化性状，抑制和消灭杂草，减少水肥竞争，为种子发芽和幼苗生长发育创造良好条件。

2. 施　肥

扁豆对磷肥的需要量较大，一般需五氧化二磷2.7~3.3kg/亩作基肥，对扁豆生长比较适宜。0.67~1kg/亩硫酸锌，可以满足扁豆对锌的需求。如土壤贫瘠，苗期可施少量氮肥，可促进幼苗生长，增强固氮能力，实现优质高产。

3. 播　种

播种是保证扁豆苗全、苗齐、苗壮、苗匀的关键。播前进行选种，一般经过选种的种子整齐度比未经选种的种子明显有增产作用。所需种子要籽粒饱满，发芽正常，发芽迅速、整齐，发芽势强，种子色泽、籽粒大小均匀一致，无病虫、无杂粒，不含杂质。生产用种发芽率要求在90%以上，田间发芽率要达到85%以上。播期在4月下旬至5月上旬为宜，下种量24kg/亩，条播行距20~30cm，留苗密度一般为4万~6万株/亩，播深3~5cm。

在干旱缺雨地区，可适当深播，即探墒播种。

4. 种植方式

扁豆对前茬作物要求不严，常与胡麻、糜子、马铃薯、油菜等轮作。种植方式可单作，也可以间作、混作。在我国北方播种方式多采用条播，亦有撒播或混播的。

5. 灌 溉

分枝期和现蕾期如遇干旱，可适当灌溉。

6. 中耕锄草

扁豆植株较矮，与田间杂草竞争力偏弱，在播后30天和60天时，各进行一次中耕锄草，适宜扁豆正常生长。除草剂效果不佳。

7. 适时收获

扁豆成熟后容易落荚、落粒，且基部荚果易霉变，一般情况下，约75%荚果呈黄褐色及时收获，充分晾晒，干后脱粒。

二、冬暖棚冬春茬扁豆栽培技术

1. 品种选择

选用豆荚均匀、纤维少、单荚重、抗病性强的品种，适宜冬春茬栽培。

2. 施足基肥，精细整地

冬暖式大棚栽培扁豆，生长期长，需肥量大，应重施基肥，一般亩施优质腐熟鸡粪4 500 kg、磷肥100kg、钾肥50kg，结合施肥深翻30cm，精细整平，然后起垄。

3. 高垄栽培，覆盖地膜

实行高垄单行栽培，垄高15cm、宽40cm，垄距40cm，用150cm宽幅地膜采取“隔沟盖沟”法盖膜，然后在垄上定植扁豆。

4. 适时播种，合理密植

播种日期选择秋分前后5天播种育苗为宜，以保证春节市场供应。采取畦内浇水切块后再播种，以便带土坨定植。扁豆秧苗3~4片真叶时定植，按1垄栽1行、穴距约33mm、1穴2棵的比例移栽，不可过密，以防秧苗徒长、落花落荚。

5. 加强各项管理措施

（1）温度。播种出苗前保持25~30℃，促进幼苗迅速出土，以减少养分消耗。出苗后降低苗床温度，以20~25℃为宜，防止出现高脚苗。真叶展开后保持20℃，定植前5~6天进行18~20℃低温炼苗。定植缓苗后棚温白天维持20~25℃，夜间12~15℃，不能低于10℃。进入严冬，若遇短时冷凉天气，应采取临时点火增温。

（2）肥水。定植前施足底肥，一次浇足底水。定植后至开花前一般不浇水，特别干旱只浇小水。开花结荚后加强肥水，维持植株长势促进荚果生长。一般7~10天浇一次水，顺膜下垄沟暗浇，应选择晴天上午进行，浇后及时放风排湿。隔一水追肥一次，每次亩追三元复合肥5~10kg，间隔2次追尿素5~10kg。为增加产量，扁豆现蕾后增施二氧化碳气肥。

（3）植株调整。幼苗甩蔓后用吊绳吊架。6月上旬外界夜间最低气温超过15℃后撤去棚膜，可以让扁豆枝蔓在棚架上放任生长，直至倒蔓，但注意适当引蔓。

6. 适期施用生长调节剂

（1）控蔓定植。缓苗后叶面喷施1 500~2 000mg/kg矮壮素液，或土壤浇施1 500~2 000 mg/kg矮壮素液，每棵100~200mL，这样可有效地防止叶蔓徒长，缩短蔓长，增加根系数量，利于扁豆在大棚有限的空间内分布、生长，并获得高产。

（2）增花增荚。为促进花芽分化，早开花，分枝多，结荚多，扁豆伸蔓期开始喷施200×10^{-6}的增豆稳，间隔10~15天，连喷3~4次。

（3）保花荚。冬季日光温室光照弱，温度低，易落花落荚，于开花期用5×10^{-6}~10×10^{-6}的萘乙酸涂花。

7. 病虫害防治

（1）锈病。于发病初期用12.5%特谱唑可湿性粉剂2 500~3 000倍液喷雾，隔5~7天一次，连防2次。

（2）花叶病。定植缓苗后开始喷施环中菌毒清500倍液、双效微肥400倍液、病毒A 400倍液及0.2%的硫酸锌混合液，隔10~15天一次，连喷2~3次，可基本控制花叶病发生。

（3）蚜虫。用80%敌敌畏乳油暗火熏杀，亩用敌敌畏250~300g。

8. 采　收

扁豆开花后7~15天，嫩荚已长大但尚未变硬时采摘。进入收获期后，一般4~5天采收一次。采荚时勿伤花序，以免影响产量。采收后期，若不急于倒茬，可进行剪蔓，改善通风透光条件，促进侧蔓萌生和潜伏花芽开花结荚，延长采收期。

第二节　扁豆病虫害防治

一、扁豆主要病害防治

主要病害有萎蔫病、根腐病和锈病等。

（一）萎蔫病

萎蔫病通常是扁豆开花前被真菌侵染，阻止水分的提升，造成植株萎蔫和死亡。发病的有利条件是气温在17~31℃，沙壤土，且湿度约25%，pH值介于7.6~8.0。因此在农业生产上，要避开以上不利因素，尽量减少损失。

（二）根腐病

根腐病是种子传递的，高温高湿对根腐病的传染和发展有利，被侵染的植株凋萎、失绿，最后死亡。发病时扁豆严重减产，目前尚无有效的防治办法。

（三）锈　病

锈病是最为严重的叶部病害。一般在气温温和、多云潮湿的气候条件下发生。防治办法是选用抗病性强的扁豆品种。

二、扁豆主要虫害防治

主要害虫有豆象、地老虎、蚜虫等。

（一）豆　象

幼虫侵害扁豆的根和根瘤，取食叶片，致使幼苗死亡，危害严重。采用熏蒸和杀虫剂可有效杀灭豆象。

（二）地老虎

通过蛀食幼苗茎的生长点和幼根导致扁豆植株死亡。用药剂拌种防治地老虎。

（三）蚜　虫

为害严重时，会造成植株萎蔫、畸形和落花落荚。同时也是花叶病毒病的传播者，应及早施用杀蚜剂进行防治。

第十二章　蚕豆优质高产栽培技术

第一节　蚕豆栽培技术

一、耕作制度

蚕豆是固氮能力很强的作物，也是各种大秋作物的良好前茬。在种植结构和耕作制度的调整中占有非常重要的地位。

（一）单作和轮作

蚕豆不宜重茬连作，连作常使植株矮小，落花落荚，结荚少，病害加重，产量降低。一般蚕豆只能种一年，最多只能连作两年。在南方冬植地区，蚕豆是一年三熟制的良好冬作物，为玉米、水稻、棉花、高粱、甘薯、烟草等的后茬，与麦类、油菜等实行隔年轮作，热量充足的地区实行水稻—水稻—蚕豆或油菜—水稻—蚕豆一年三熟制。在北方春蚕豆产区实行一年一熟制，蚕豆与麦类、马铃薯、玉米等轮作倒茬。

（二）间作套种

为了充分利用土地和光照，蚕豆常与非豆科作物实行间作套种。例如，蚕豆和油菜、马铃薯间作，与水稻、棉花套种，使蚕豆适时播种。此外，在果园、桑田、田埂地头上均可间种。

二、田间管理技术

(一) 生育期划分

蚕豆一生可分为发芽出苗、营养生长和生殖生长 3 个生育期。其中生殖生长期较长，边现蕾、边开花、边结荚。

1. 发芽出苗

蚕豆粒大、种皮厚，发芽时需水较多，吸水较难。从胚根突破种皮到主茎（幼芽）伸出地面 2~3cm 为发芽出苗期，所需时间因品种与秋播和春播而不同，秋播区一般要 11~14 天，春播区需要 21~30 天，比其他作物长。在土壤湿度适中条件下，温度高低是影响出苗天数的主要因素。

2. 营养生长

营养生长期是指出苗后到现蕾前的阶段。在云南省适时播种条件下一般经历 40~45 天，有效积温 480~680℃；江苏和浙江一带 35~40 天。出苗后，主茎不断向上伸长，一般在 2.5~3 片复叶时开始发生分枝。一般早出生的分枝长势强，积累的养分多，大多都能开花结荚，成为有效分枝。蚕豆发生分枝早晚受温度影响最大。在南方秋播区，日夜平均温度在 12℃ 以上时，出苗到分枝需 8~12 天。随着温度下降，分枝的发生逐步减慢，春后发生的分枝常因营养不良，生长弱而自然衰亡或不能开花结荚。利用蚕豆分枝的这一特性，适时播种，施足基肥，加强越冬培土，施腊肥，促早发，保冬枝，是蚕豆的高产基础。

3. 生殖生长期

生殖生长期是指从现蕾到成熟前的阶段。主茎或分枝下部第一花簇开始出现，标志着蚕豆已进入生殖生长期。进入生殖生长期，植株高度因品种和播种早迟、栽培条件的不同而有差异。此时植株高矮对产量影响很大。过高，造成阴蔽，花荚脱落多，甚至引起后期倒伏，产量不高；过矮，达不到丰产的营养生长量，产量也不高。生殖生长初期是干物质形成和积累较多的时期，要协调好生长与发育的关系。对生长不良的要促，提早施肥、灌水；对长势旺的要防止过早封行，影响花荚形成，要进行整枝；对密度太大的田块适当间苗，改善通风透光条件，促进茎秆健壮，以防倒伏。

生殖生长中后期，蚕豆开花结荚并进，其开花期可长达50~60天。从始花到豆荚出现是蚕豆生长发育最旺盛的时期。这个时期，在茎叶生长的同时，茎叶内贮藏的营养物质又要大量地向花荚输送，此时期需要土壤水分和养分充足，光照条件好，叶片的同化作用能正常进行，这样才有足够的营养物质同时保证花荚大量形成和茎叶继续生长，促进开花多，成荚多，落花落荚少。这是蚕豆能否高产的关键。因此，这时要加强田间管理，灌好花荚水，适施花荚肥，整枝打顶，以调节蚕豆内部养分和水分的供给，改善群体内部通风透光条件，防止晚霜冻害和后期排水防渍。

蚕豆花朵凋谢以后，幼荚开始伸长，荚内的种子也开始膨大。随着种子的发育，荚果向宽厚增大，籽粒逐渐鼓起。种子的充实过程称为鼓粒。鼓粒到成熟是蚕豆种子形成的重要时期。这个时期发育是否正常，将决定每荚粒数的多少和百粒重的高低。鼓粒阶段缺水会使百粒重降低，并增加秕粒，降低产量和质量。为了保证养分积累，必须加强以养根保叶、通风透光和防止早衰为中心的田间管理工作。当蚕豆下部荚果变黑，上部豆荚呈黑绿色，叶片变枯黄时，就达到成熟期。

（二）整　地

蚕豆是深根作物，根系发达，入土深，宜选择排灌良好、疏松肥沃的土壤。北方春播区由于春旱比较严重，而且有充足的时间进行播前整地，最好耕两次。第一次耕深15~20cm，第二次浅耕7~10cm，并进行耙耱，使下层土壤紧密，上层土壤疏松，消

灭杂草，减少土壤水分蒸发。南方水田种植蚕豆，要在水稻蜡熟初期开沟作畦排水，一般畦宽 1.5~2.5m，主沟深 30~50cm。或者待水稻收割后，采用免耕法。

（三）播　种

播种前对蚕豆种子进行粒选。选择粒大饱满、无病无残的籽粒作种子。播种时间，南方秋播多在 10—11 月，北方春播多在 3 月至 5 月初。播种密度，一般每公顷冬蚕豆单作，大粒种密度 15 万~19.5 万株，小粒种密度 40 万株左右；春蚕豆单作，大粒种为 18 万株左右，小粒种 37.5 万~45 万株。

（四）中耕除草

在蚕豆生长期中，需要多次中耕除草和必要的培土。冬蚕豆，第一次中耕需在苗高 7~10cm 时进行，中耕深度为 7~10cm，株间宜浅；第二次中耕需在苗高 15~20cm 时进行，耕深为 4~5cm，同时结合培土保温防冻；第三次中耕在入春后开花前进行，并在根部培土 7~8cm 以防倒伏。后期如杂草多，可拔草 1~2 次。

（五）水肥管理

1. 施足底肥

为改善土壤结构，确保苗齐、苗全、苗壮，南方一般每公顷施优质农家肥 7 500~11 250 kg，北方每公顷施农家肥 22 500~30 000 kg、过磷酸钙 225kg。为提高磷肥的利用率，一般把过磷酸钙和农家肥混匀沤制 5~7 天，然后混合施入大田。在土壤缺钼地区，播种时每千克种子拌 2g 钼酸铵，可增产蚕豆 15%左右。

2. 巧施苗肥

幼苗期施氮肥要适量，以增加冬前有效分枝。在土壤肥力中等、基肥充足和适期播种的前提下，最好不施苗肥。但在地薄或基肥不足、长势差的地块，应在苗期轻施氮肥（每公顷施硫酸铵 45~60kg），以促进分枝。春蚕豆幼苗期根瘤尚未形成和固氮时，特别是薄地，一般应施入少量的速效氮肥，以促进根系和幼苗生长。

3. 重施花荚肥

花荚肥可延长叶功能期，加速养分运输和转化，有保花、增荚、增粒、增粒重的作用。一般以初花期施肥为宜，不能迟过盛花期，每公顷施尿素 75~150kg，过磷酸钙 150~225kg，磷酸二氢钾 15kg。长势差的适当早施重施，施肥一般在初花期进行，达到增花增荚的效果，每公顷施尿素 225kg 以上；长势中等的，在开花始盛期施，以利于增加下部结荚数，争取中部多结荚，每公顷施尿素 150~195kg；长势好的宜晚施轻施，以达到稳住下部荚、争取中上部荚、促进籽粒饱满的目的，一般在花中盛期每公顷施氮素 75~120kg。

4. 根外追肥

灌浆期根外追肥，有利于延长功能叶的寿命，确保粒饱粒重。主要采取叶面喷肥。一般喷 0.05%硼砂溶液，百粒重可增加 10g 左右，增产 15%左右；喷钼酸铵、锌肥、尿素、硝酸钾可增产 3.5%~6.4%。

5. 灌溉与排水

蚕豆对水分很敏感，涝时要及时开沟排水，旱时要及时供水。花荚期是蚕豆需水的临界期。一般在蚕豆生育期中灌水 2~3 次，第一次在现蕾开花期，第二次在结荚期，第三次在蚕豆鼓粒期。蚕豆生育后期怕涝，长期阴雨连绵或土壤积水过多会使其根系发育不良，容易感染立枯病和锈病。开花结荚阶段，浸水 3 天叶片变黄，5~7 天根系霉烂，植株枯死。

（六）整枝摘心

蚕豆的分枝能力很强，生育后期的分枝多为无效分枝。无效分枝造成田间通风透光差，养分消耗大，影响有效分枝开花结荚。因此，整枝、摘心是蚕豆种植中一项必要的农艺措施。

冬播蚕豆整枝、摘心技术包括三个时期：第一，主茎摘心。主茎摘心可以促进早分枝，多分枝，并对控制植株高度，防止倒伏有一定作用。以主茎长达 6~7 叶、基部已有 1~2 个分枝时摘心最好，保证冬前有 3~4 个分枝，将来早发为有效分枝，一般摘心留桩 7~10cm。但是，长势差、植株矮小，不打；土壤瘠薄、分枝少、依靠主茎结实，不打。第二，早春整枝。春暖后，蚕豆将继续大量发生二三次分枝，且多为无效分枝，应在初花期去掉小分枝、细弱分枝和茎秆扭曲、叶色发黑的分枝。第三，花荚期打顶。蚕豆整株中上部已进入盛花期，下部已开始结荚，为最好的打顶时期。打顶时应掌握：打小顶而不打大顶；打掉的顶尖可带蕾，而不带花；打顶应选择晴天时进行，防止茎秆伤口灌入雨水不易愈合发生病害。一般摘心以掐去嫩尖 3~5cm 为宜。

有的地区种植春蚕豆易徒长，落花落荚严重，造成倒伏减产，也需要打顶，以保证蚕豆正常成熟。

第二节　蚕豆病虫害防治

一、蚕豆主要病害防治

蚕豆的主要病害为真菌性病害。

（一）蚕豆赤斑病

蚕豆赤斑病又称蚕豆红叶斑病，是蚕豆冬播区发生最严重的病害之一，春播区也有发生。主要为害叶片、茎，也能为害荚。病斑从植株下部叶片开始，初为赤色小斑点，后逐渐扩大成 2~4mm 的圆斑，颜色变为褐色或铁青色，病斑中央微凹陷。空气湿度过大，超过 85%时，有利于该病发生。

赤斑病防治的栽培措施：采用宽窄行条播，使株间空气流通，降低湿度。药物防治：发病期可用 65%代森锌可湿性粉剂

500~800 倍液，或 50%多菌灵可湿性粉剂 600 倍液、或 75%百菌清 600~800 倍液，每公顷用量 1 500 kg 喷雾。

（二）蚕豆褐斑病

蚕豆褐斑病又称壳二孢菌褐斑病，是蚕豆又一种流行很广的主要病害。侵染蚕豆茎、叶、荚和种子。在叶片上开始为赤色斑点，以后扩大成圆形或长圆形或不规则病斑。病斑中央为淡灰色，边缘呈深褐和赤色。表面常有同心轮纹，病斑中央常脱落呈穿孔症状。在干旱条件下病斑中央呈白色，在潮湿条件下中央呈灰色或灰白色。叶片上的病斑开始时呈深褐色，以后形成颜色较浅的中央部分和深赤色的边缘。茎上病斑为圆形、长圆形或卵圆形，中央灰色和边缘赤色。豆荚上的病斑呈圆形或卵圆形，深褐色，边缘黑色。病斑通常深陷入寄主组织内。

防治措施

（1）不从外地引入带病种子。为保证种子不带病菌，可用 50%福美双可湿性粉剂拌种，每 50kg 种子拌药 0. 3kg，或在 70℃温水中浸种 2 分钟。

（2）在田间，注意通风和排水，也可用 50%福美双喷植株或处理种子。在病害发生期到发展期每 2~3 周喷一次波尔多液。

（3）清除和销毁田间带病残株，并配合深耕消灭病菌。

（4）轮作可以明显减轻褐斑病为害。

（三）蚕豆轮纹病

蚕豆轮纹病主要为害叶，有时也为害茎。常与蚕豆赤斑病、褐斑病同时发生。防治方法与蚕豆赤斑病和褐斑病相同。

（四）蚕豆锈病

锈病在蚕豆主产区普遍发生，在南方秋播区发生严重，主要为害茎和叶。开始时在叶片两面发生淡黄色小斑点，以后加深为黄褐色和锈褐色。斑点扩大并隆起，这是夏孢子堆。夏孢子破裂时飞出夏孢子，产生新的夏孢子堆。在后期叶和茎上产生一种深

褐色病斑，呈椭圆或纺锤形，这是冬孢子堆，可散发出黑色粉末，即冬孢子。冬孢子和夏孢子均可在蚕豆残株上越冬。锈病病菌喜欢温暖潮湿，14～24℃适宜锈病菌发芽和侵染。低洼积水、土质黏重、排水不良的地方容易发病；生长茂盛、通风透光不好的地方也易发病。早熟品种在锈病大发前成熟或收获，有可能避免锈病大发生。

防治措施

① 将遮阳和潮湿地点的晚熟豆株和遗留的其他残株清除销毁。发病地区应尽量销毁原有病株和残存病株。

② 在蚕豆生长季节内用 500 倍代森锌液或福美双每 10 天喷一次，有一定效果。用粉锈宁常量喷雾，连喷 2 次，效果显著。

(五) 蚕豆立枯病

为害根和茎基部。用 50%多菌灵可湿性粉剂拌种（占种子量的 3%），播种前用 1～1.5kg 50%多菌灵与 30kg 细沙土混匀，撒入田间，再进行耕作，以防止立枯病的发生。

(六) 蚕豆枯萎病

蚕豆枯萎病俗称霉根病，是蚕豆主要病害之一，各地都有发生。病害多在开花结荚期发生。主要以耕作措施防治为主。

(七) 蚕豆根腐病

由菌核根腐菌引起。主要为害根和茎基部，引起全株枯萎。该病以栽培措施防治为主，采取拌种和土壤消毒的办法。药剂防治可用 65%代森锌可湿性粉剂 400～500 倍液或 50%多菌灵可湿性粉剂 1 000 倍液，一般喷施 2～3 次，以防治枯萎病。

二、蚕豆主要害虫防治

(一) 蚕豆蚜虫

苜蓿蚜是为害蚕豆的主要害虫之一，为害嫩叶、花、荚。可用 1.5%乐果粉剂每公顷 22.5～37.5kg 或 40%乐果乳剂 2 000 倍液喷雾。

（二）蚕豆象

蚕豆象主要为害收获后的种子，发生普遍，危害严重。一般在新收获后40~45天之内，用氯化苦或磷化铝密闭熏蒸或开水烫种。开水烫种适用于处理少量蚕豆种。通常用竹篮盛种，在沸水中浸烫20~30秒钟后立即取出在冷水中浸一下，摊开晾干后贮藏。

（三）地　蚕

地蚕又称蛴螬（金龟子幼虫），是旱地为害幼苗最重的害虫。咬断初生根和茎，使幼苗枯死。可用50%辛硫磷2 000倍液灌根。

（四）斑　蝥

斑蝥是为害蚕豆花、叶的主要害虫。幼虫时可用50%辛硫磷乳油1 000~1 500倍液喷雾，成虫用50%辛硫磷乳油800~ 1 000倍液喷雾。

（五）根瘤象

根瘤象主要发生在甘肃临夏地区。成虫咬食叶片、花蕾和花瓣，幼虫咬食根瘤和根部表皮。在成虫为害初期可用晶体敌百虫1 000倍液喷雾，也可在播种前1~2天沟施辛硫磷毒土防治。

参考文献

陈传印，等. 2011. 作物生产技术（北方本）［M］. 北京：化学工业出版社.

孟彦，陈鑫伟，李新国. 2018. 作物栽培技术［M］. 北京：中国农业科学技术出版社.

杨新田，吴玲玲. 2018. 粮油作物绿色提质增效栽培技术［M］. 郑州：黄河水利出版社.

郑殿峰. 2016. 中国杂粮优质生产技术［M］. 北京：科学出版社.

《杂粮栽培技术》编委会. 2016. 杂粮栽培技术［M］. 西宁：青海人民出版社.

参考文献

[illegible]

[illegible]

[illegible]

[illegible]

[illegible]